统防统治星级服务在路上

——山东省统防统治百县与 星级服务组织典型案例

山东省植物保护总站　编著

林彦茹　主编

中国农业出版社

北　京

图书在版编目（CIP）数据

统防统治星级服务在路上：山东省统防统治百县与星级服务组织典型案例 / 山东省植物保护总站编著；林彦茹主编. —北京：中国农业出版社，2021.4
ISBN 978-7-109-28418-0

Ⅰ.①统… Ⅱ.①山… ②林… Ⅲ.①作物－病虫害防治－案例－山东 Ⅳ.①S435

中国版本图书馆 CIP 数据核字（2021）第 126673 号

中国农业出版社出版
地址：北京市朝阳区麦子店街 18 号楼
邮编：100125
责任编辑：卫晋津　文字编辑：常瑞娟
版式设计：杜　然　责任校对：吴丽婷
印刷：中农印务有限公司
版次：2021 年 4 月第 1 版
印次：2021 年 4 月北京第 1 次印刷
发行：新华书店北京发行所
开本：880mm×1230mm　1/32
印张：9.75
字数：260 千字
定价：48.00 元

本书编委会

主　　任：徐兆春　　李洪刚

主　　编：林彦茹

副 主 编：于晓庆　　田忠正

编写人员：于　凯　　于晓庆　　王士龙　　王尽松

　　　　　王连刚　　王雪影　　王广莲　　王利平

　　　　　王同伟　　代伟程　　田忠正　　田海月

　　　　　刘元宝　　刘　庆　　孙亚峰　　李振博

　　　　　李佩玲　　李　瑞　　曲　蕾　　陈梅楠

　　　　　孟祥谦　　杜宝江　　林彦茹　　国　栋

　　　　　张海燕　　周丽萍　　周　真　　周　霞

　　　　　周敬波　　张毓贤　　赵艳丽　　赵　猛

　　　　　袁光柱　　袁宗英　　高庆刚　　高俊平

　　　　　谢秀华

前　　言

　　统防统治即农作物病虫害专业化统防统治，是指具备一定植保专业技术的服务组织，采用先进、实用的设备，开展农作物病虫害社会化、规模化和契约型的防治服务行为。统防统治社会化服务符合现代农业发展方向，符合发展"优质、高产、高效、绿色"现代农业和建设"资源节约型、环境友好型"农业的客观要求，适应农业生产实际和农作物病虫害防治规律。实施统防统治可以大幅度提升农作物病虫害防控效率、防控效果和防控效益，有效减少农药用量，降低因病虫防治对生态环境带来的污染，对保障作物安全、人畜安全和农产品质量安全作用显著。因此，统防统治是解决一家一户防病治虫难题，保障国家粮食安全和促进农民增收的重要手段，也是发展现代植保事业和推进"科学植保、公共植保、绿色植保"的必然选择。

　　党的十六大以来，随着农业产业化不断升级和现代农业的快速发展，特别是2008年中央一号文件提出要"探索建立专业化防治队伍，推进重大植物病虫害统防统治"，各种形式的统防统治服务组织不断发展壮大，统防统治事业蓬勃发展。山东省各级农业植保部门及时把握动向，积极适应形势变化，有针对性地开展了统防统治工作探索与实践，积极引导扶持统防统治服务组织健康发展，植保社会化服务有序开展。全省 2010—2018 年连续 9 年实施了"省农业病虫害专业化统防统治能力建设示范项目"，省财政共投入资金 1.63 亿，建立示范县 163 个；为 750 个统防统治服务组织配备新型植保机械 13 912 台（套），其中植保无人机 327 台，大型地面机械 2 293 台，中小型机械 11 176 台，防护装备 18 000 余（套）；建立核心示范区 300 余个、示范面积 414 万亩*，辐射带动近九亿亩次，示范带动效应显著。目前，全省各种形式的统防统治服务组织共 3 400 余个，比 2010 年项目建设之初增加了近 1 000 个，其中注册或备案 1 766 个，从业人员 6.2 万余人，持证上岗人员达 2.8 万人；共拥有高效植保机械 8.2 万台（套），其中大中型植保机械 2.6 万台（套），日作业能力达到 642 万亩；2020 年小麦、玉米、水稻三大粮食作物统防统治面积达 1.3 亿亩次；从龙头企业建设、整建制推进、地面空中立体防控、突破发展瓶颈、社会影响力和取得成效等方面均取得了突破性进展，有效地解决了农业病虫害一家一户防治难、防治成本高、效果差等难题，在农作物重大病虫应急防控中发挥了招之即来、来之能战的关键性作用。先后涌现出了山东齐力新农业服务有限公司等一大批全国及省级"优秀服务组织"等先进典型，引领植保社会化服务组织不断创新式发展。

2019—2020 年，在全国农作物病虫害"统防统治百县"

---

* 亩为非法定计量单位，1 亩＝1/15 公顷。——编者注

和"星级服务组织"创建活动中，山东省连续两年取得了申报数量与被认定数量双第一的好成绩，一大批优秀示范县和星级服务组织脱颖而出，典型示范带动效果凸显。先后有30余个县参与全国"统防统治百县"创建活动，其中曹县等12县（市、区）获得2019年全国"统防统治百县"称号，2020年又有莱西等12县（市、区）申报创建全国"统防统治百县"；先后有商河县保农仓农作物种植专业合作社等136个统防统治服务组织被认定为"全国星级服务组织"，占全国总量的22.7%。为梳理总结近年来山东省优秀统防统治工作亮点，树立典型样板，推广成功经验，我们在全省选取部分已创建的全国"统防统治百县"和"统防统治星级服务组织"典型经验材料，汇编成册，通过典型引路，示范带动，以更好地学习、借鉴他们的成功做法与经验，全面深入推进统防统治工作，引导全省统防统治进一步向纵深发展。同时，我们把全国统防统治信息系统备案服务组织提供给大家，希望通过相互交流，学习与总结，实践与探索，继续引领统防统治新型农业经营主体可持续健康发展，使之成为山东省农作物重大病虫应急防控主力军，为科学有效防治病虫害，减少化学农药使用量发挥应有作用，为山东省农业生产安全、农产品质量安全、生态环境安全和乡村振兴保驾护航。

编　者

2021年3月

目　　录

目 录

第一章
统防统治百县示范材料

行政推动　市场化运作
确保"民办、民管、民受益"
——莱西市农作物病虫害专业化统防统治百县创建示范材料

2020年，为促进农作物病虫害专业化统防统治发展，助力农药减量增效，莱西市按照《全国农作物病虫害专业化"统防统治百县"创建工作方案》要求，通过"五个强化"推动统防统治能力的全面提升，取得了显著成效。

一、创建基础条件

（一）莱西市农业基本情况

莱西市地处胶东半岛中部，是传统农业大县，素有"青岛后花园"之称，农用地总面积 123 476 公顷，其中耕地 85 679 公顷，土地规模化经营比重达到 68.8%。主要农作物包括小麦、玉米、花生、蔬菜、果树等，其中常年种植小麦 60 余万亩、玉米 70 万亩左右，年总产量约 55 万吨；年种植花生 30 万亩左右，花生种植面积和产量居全国第二位，人均产量列第一位，被誉为"中国花生之乡"。莱西市是全国首批农业产业化示范基地、全国绿色高质高效示范县、全国化肥减量增效示范县、国家农产品质量安全县，2019年划定粮食生产功能区 57 万亩。

（二）统防统治组织发展情况

由于工业化的发展，农民大量转为工人身份，土地规模化经营发展迅速，这为统防统治的发展提供了大量的市场需求。在莱西市农业农村局的扶持下，2012 年，莱西市第一家植保专业化统防统治组织——青岛丰诺植保专业合作社成立，管理规范、服务优良、收费合理，当年被评为全国百强植保服务组织，带动了全市大批服务组织的发展。到 2019 年年底，莱西市共有工商注册的统防统治服务组织 46 家，其中青岛丰安植保专业合作社于 2013 年被省农业厅评为山东省优秀植保服务组织，青岛田之源农化有限公司、青岛丽斌玉米专业合作社、莱西金丰公社农业服务有限公司三家组织于 2019 年被中国农业技术推广协会认定为全国首批统防统治星级服务组织。2020 年，全市统防统治组织作业总面积累计达 272.4 万亩次。

（三）相关项目实施

近年来，莱西市植保站深入贯彻"预防为主，综合防治"的植保方针和"科学植保、公共植保、绿色植保"理念，以实现"粮食生产规模化、病虫防治专业化、统防统治绿色化"为发展目标，积极推广新型植保机械和配套植保技术，不断增强统防统治服务组织的服务能力，持续提高农作物病虫害防治效果、效率和效益。2012年开始实施小麦穗期"一喷三防"补贴，连续多年实行全覆盖，累计投入资金 3 000 万元，累计补贴面积超过 600 万亩。2015—2016年，承担山东省农作物病虫害专业化统防统治与绿色防控融合试点县（花生）项目，建设"山东省农企共建推进农药零增长行动"花生示范基地 5 000 亩。2017 年，承担全国果菜茶病虫害全程绿色防控（苹果）示范区建设项目，建设苹果全程绿色防控示范区 2 000亩，辐射带动 2 万亩。2018 年，国家农业生产功能区平台建设项目资金 120 万元，用于补贴花生病虫害统防统治，累计作业 13 万亩次；2019 年，国家支持社会化服务发展项目资金 260 万元，采购玉米播种、病虫防治、机收全承包服务 12 万亩；2016 年以来，政府补贴防治组织采购植保机械 275 台（套）、无人机 52 架。这些资金的投入，大大提高了莱西市病虫害防治的组织化程度和植保防灾减灾能力，统防统治服务组织在草地贪夜蛾、黏虫、小麦锈病等重大病虫害的应急防控工作中发挥了主力军的作用，真正做到为政府分忧、为农民解难。

二、创建成效

（一）农作物病虫害专业化统防统治成效显著

2020 年，莱西市粮食作物种植面积 127.4 万亩，统防统治服务作业总面积达 272.4 万亩次，覆盖面积 129.9 万亩。粮食作物统防统治覆盖率达到 90.8%，其中全承包防治占比 50.99%，统防统治区化学农药使用量较农民自防区减少 34.9%，高效低毒低残留农药使用覆盖率 100%。

1. 小麦

种植面积 60.81 万亩，统防统治作业面积 127.06 万亩次，覆盖面积 60.81 万亩，其中全承包防治 35.7 万亩。防治过程中全部使用高效低毒低残留农药，经调查，统防统治区化学农药使用量较农民自防减少 33%。2020 年在全市实施了小麦穗期病虫害"一喷三防"补贴项目，统一采购药剂使用，保证了高效低毒低残留农药的使用以及农药减量。

2. 玉米

种植面积 66.59 万亩，统防统治作业面积 99.03 万亩次，覆盖面积 54.86 万亩，其中全承包防治 28.65 万亩，高效低毒低残留农药使用率 100%，经调查，统防统治区化学农药使用量较农民自防区减少 36.8%。2020 年，通过统防统治组织免费使用草地贪夜蛾监测防控项目储备药剂 1.7 吨，促进了玉米病虫害的统防统治发展，作业面积较往年大幅提高。

3. 其他作物

花生种植面积 28.2 万亩，统防统治作业面积 22.99 万亩次，覆盖面积 10.76 万亩；蔬菜种植面积 51.4 万亩，统防统治作业面积 4.56 万亩次，覆盖面积 2.19 万亩，其中全承包防治 0.96 万亩；果树统防统治作业面积 9.56 万亩次，覆盖面积 1.33 万亩，其中全承包防治 1.21 万亩。

（二）统防统治服务能力得到明显提升

目前，莱西市从事统防统治事业的服务组织 34 家，专兼职从业人员 1 260 人，拥有大中型机械 1 470 余台（套），日作业能力达到 26 万亩以上。实施作物除了小麦、玉米、花生等大田作物外，蔬菜、果树也越来越多，全承包防治比例明显提高。作业范围除莱西之外，还辐射即墨、平度、胶州、招远、莱州、莱阳等周边地区。通过创建活动，整合了项目资金，加大了扶持力度，加强了技术指导和培训，促进了社会化组织规范化发展，莱西市专业化统防统治从组织数量、从业人员、机械装备、管理水平、技术水平、作业能力等方面都得到了明显提升。

在推进统防统治工作中，莱西市坚持行政推动，市场化运作，加大对服务组织的管理和指导，强化提升服务意识水平，创新服务模式，增强作业能力和技术水平，促进服务组织制度健全、管理规范，确保民办、民管、民收益。在机防队管理上，实行"四统一"：统一标识，统一服装，统一作业标准，统一规范收费。对病虫草害防治上，按照"三定、四包、五统一"的要求（三定即定防治面积、定防治标准要求、定服务报酬；四包即包及时用药、包防治药剂、包防治效果、包产品安全；五统一即统一防治时间、统一技术指导、统一配方用药、统一防效评估、统一收费标准），重点推行"全程承包"和"带药带机"两种服务模式，在防治前，与村、户或基地签订防治协议，明确服务内容、价格和责任，避免出现不必要的纠纷。通过指导和管理，全市农作物病虫害监测预警、防控体系得到完善，应急防控队伍得到加强，社会化统防统治能力得到提升。

（三）融合绿色防控技术促进农药减量增效

农企合作促进农药零增长、果菜茶全程病虫害绿色防控等项目的实施为绿色防控技术的全面推广打下了良好的基础。2020 年创建了 18 个绿色防控示范区，其中小麦 4 个、玉米 1 个。小麦上重点推广水肥一体化等农业生态调控技术、种子包衣技术、条锈病"带药侦查、打点保面"、穗期病虫害"一喷三防"、植物免疫诱抗技术等，推广面积57.1万亩，覆盖率93.9%。玉米上重点推广水肥一体化等生态农业防控技术、杀虫灯和性诱等害虫诱杀技术、Bt等生物制剂防治技术、玉米"一防双减"等，科学合理使用高效低毒低残留化学农药，推广面积58.5万亩，覆盖率87.5%，粮食作物绿色防控覆盖率达到90.7%。绿色防控技术的推广、新型机械的大面积应用、统防统治率的提高，大大促进了农药减量增效。

三、主要做法

（一）强化组织领导，协调创建工作

通过"统防统治百县"创建活动的开展，可以集中提升统防统治能力与水平，提升对农业有害生物的应急防控能力，有力保障农业生产安全。莱西市各级领导高度重视创建工作，专门成立了创建活动领导小组，由分管副市长王东岳同志任组长，农业农村局局长张洪才同志为副组长，协调农业、财政等相关部门抓好推进落实。

（二）强化政策扶持，整合项目资金

2016年以来，青岛市累计投入资金1184万元用于莱西市农药包装废弃物回收处置，累计回收3500万个以上，回收处置率达到95%以上。通过财政资金的引导和扶持，社会化植保专业服务组织改善了装备条件，拓展了市场需求，提升了服务能力，壮大了防治队伍，增强了技术水平，发展了一批服务优质、行为规范、防控科学的社会化专业服务组织，成为莱西市植保工作的强大力量。2020年，莱西市加大财政统筹资金的整合力度，向统防统治服务组织达标创建、全托管服务、统防统治作业、农机补贴等方面倾斜。其中，小麦"一喷三防"项目资金284万元，用于采购小麦穗期病虫害防控的物资补贴；农业生产托管服务项目资金36万元，补贴病虫害飞防作业12万亩；安排资金130万元用于大田作物全托管，

补贴面积 1.3 万亩；财政整合草地贪夜蛾防控、有害生物应急防控资金 58.79 余万元、药剂 1 700 公斤用于秋粮作物病虫害统防统治；同时，财政补贴资金 280 余万元，用于采购大型喷雾机 22 台、无人机 143 台，扶持统防统治服务组织发展。

（三）强化技术支撑，组织技能培训

近年来，根据莱西市主要农作物病虫害发生防治情况，先后制订了小麦、玉米、花生、苹果等作物的病虫害综合防治技术方案，在病虫发生防治的关键时期，做好病虫监测预警，及时发布病虫信息，指导统防统治服务组织科学防控。密切结合新型职业农民培训、基层农技推广体系建设等，对统防统治服务组织和从业人员开展法律法规和技能培训，提升技术人员病虫草害识别与防治、科学安全用药、药械使用与维护、遵守法律法规等方面的能力，增强绿色防控和农药减量增效的意识，真正做到病虫防治专业化。

（四）强化运营管理，促进规范发展

植保社会化服务组织形式多样，规模大小不一，运营机制各异，管理水平参差不齐。为了促进社会化防治组织提升管理水平，规范行业发展，市农业农村局专门召开统防统治工作会议，学习《农作物病虫害防治条例》和《统防统治服务组织管理办法》，按照"服务组织注册登记，服务人员持证上岗，服务方式合同承包，服务内容档案记录，服务质量全程监管"的要求，充分发挥统防统治服务组织主体地位，引导加强自身建设、规范服务行为、提升服务水平。

各服务组织根据自身特点和规模，创新运营模式，走出了适合自己发展的路子。比如莱西市金丰公社，依托总公司的技术和物资支持，以土地全托管、半托管、农机服务为主要业务形式，建立了 2 400 多亩的青岛市新技术示范基地，重点示范统防统治与绿色防控技术融合的效果；丽斌玉米合作社融土地托管、农资采购、农产品销售、农民培训等多种农事服务为一体，在各村建立 41 处分社，

发展社员 7 000 余户，托管服务土地 3 万余亩，扩展服务 10 万余亩，托管土地土壤检测、配方施肥、病虫害统防统治全覆盖，基本实现了产前、产中、产后全产业链服务；丰诺植保专业合作社依托丰诺农化、顺联达公司，在各镇街设立 6 家综合农事服务中心，已发展会员 15 200 多人，成为集农资经营、农事综合服务、技术培训指导、农产品从生产到销售的综合性农业企业。

（五）强化宣传发动，促进业务对接

莱西市农业农村局利用多种形式，广泛宣传统防统治省工、省力、省药和防效高的优点，宣传统防统治服务组织的典型事例，提高农民对统防统治的认知度。另外，还将新型农业经营主体作为推动植保社会化服务组织快速发展的切入点，对新型农业主体登记建档，定期召开会议，加强交流，强化协调和信息沟通，为新型主体解难题、为服务组织找市场。这些措施，促进了统防统治供需双方的有效沟通，扩大了统防统治作业面积，助力统防统治组织快速发展壮大。

四、今后工作重点

目前，土地规模化经营快速发展，对社会化服务的需求越来越大，因此，加强社会化服务组织建设，切实提高全市农业生产社会化服务水平，是当前面临的迫切任务，莱西市将从三个方面推进这项工作。

一是继续加强政策扶持。统筹财政资金，以政府购买服务的方式拓展社会化服务的范围，继续实施农机补贴，加速新型植保机械的推广使用，提高防治工作效率、效果和效益。

二是继续加强行业管理。加强行业管理和引导，探索多种形式的植保服务，完善供需平台沟通，建立评价和纠纷处理机制，提升统防统治组织管理和运营水平，规范植保服务行业健康发展。

三是继续加强技术支持。做好病虫测报和防治指导，引进推广

新技术，根据需要提供更多更广泛的技术培训，增强防治队伍的业务能力，把统防统治与农业生产全方位服务有机结合，推动全市统防统治工作再上新台阶。

创新服务　规范管理
推进专业化统防统治工作稳步发展
——桓台县农作物病虫害专业化统防统治百县创建示范材料

一、基本情况

桓台县地处鲁中山区与鲁北平原结合地带，属淄博市辖县，素有"吨粮首县""建筑之乡"和"中国膜谷"美誉，总面积 509 千米^2，人口 50.47 万，辖 8 个镇、1 个街道、2 个省级经济园区，是全国文明县城，2009 年、2010 年连续荣获全国粮食生产先进县荣誉称号。2020 年全县小麦单产 505.01 公斤，连续 10 年位居全省首位；全县小麦高产攻关田最高单产达到 835.2 公斤，刷新全国冬小麦小面积高产纪录。

多年来，桓台县大力开展农作物病虫害专业化统防统治，多项工作走在了全市前列。2012 年年底，桓台县通过省统防统治示范项目购买了两架植保无人机，率先掌握了植保无人机应用技术，是山东省最早应用植保无人机开展防治作业的 3 个示范县之一。同年 10 月，桓台县供销益农粮食种植农民专业合作社荣获"全国农作物病虫害专业化统防统治百强服务组织"称号，2013 年，该社购买了 4 架有人驾驶农用飞机，成立了省内首家农业航空服务队—淄博益农航空服务队，并在全省率先开创了载人飞机大面积防治小麦、玉米病虫害的先例。2014 年，桓台县探索小麦根病春防技术，利用高效植保机械开展大面积统防统治，年均作业面积 10 万亩以上，防病增产效果显著，在省内引起强烈反响。2020 年春季，桓台县整合资金 800 万元，对全县小麦根病春季防治和穗期"一喷三防"实行统防统治全覆盖，极大地压低了麦田病害发生程度和虫害发生基数，得到广大种植户的普遍欢迎，全县小麦统防统治工作走在了全市前列。

二、工作开展情况

（一）加强组织领导，提供组织保障

桓台县委、县政府把推进农作物病虫害专业化统防统治作为乡村产业振兴和生态振兴的重要内容，多次组织召开专题会议研究工作，并将其列入重要议事日程和年度工作重点考核内容。同时各相关部门加强支持与配合，确保各项措施落实落地。

（二）积极引导扶持，发展服务组织

根据上级要求，按照"政府扶持、群众自愿、因地制宜、循序渐进"的原则，桓台县创新思路，大力发展多种形式的农作物病虫害专业化防治组织。对具有一定规模和良好运行机制、实行规范化管理的种植专业合作社、农业科技服务企业、家庭农场、种植大户等各类防治组织进行重点扶持，打造了一批机制灵活、业务熟练、适应现代农业发展方向的植保专业化统防统治服务组织。截至2020年年底，全县拥有全国农作物病虫害专业化统防统治百强服务组织1家，星级服务组织5家，符合"六有"标准（有执照、有固定经营场所、有服务队伍、有兼职植保员、有技术规程、有服务档案）的植保专业化统防统治服务组织30个，从业人员1 500人，拥有植保无人机150余架，载人飞机8架，地面大中型药械832台，日作业能力达10多万亩，植保药械储备充足。

（三）狠抓示范样板，带动工作开展

2013年以来，桓台县通过玉米"一防双减"、小麦"一喷三防"、农作物病虫害防治能力建设等项目实施，争取上级统防统治专项资金750万元，同时，积极争取县财政整合涉农项目资金550万元用于

统防统治，年作业面积达到 100 万亩次以上。在政府引导推动的基础上，鼓励社会资本进入农作物病虫害专业化防治领域，探索了由淄博博信农业科技有限公司、桓台县益农粮食种植专业合作社等企业共建、联建农作物病虫害专业化服务组织的模式，作为典型样板承担了桓台县 70％的统防统治服务作业任务，在实践中积极探索市场运作途径，服务范围已扩大至全省乃至全国，对全县农作物病虫害专业化防治服务组织的发展起到了示范带头作用，促进了统防统治组织队伍迅速发展壮大。

（四）加强宣传引导，强化技术支撑

一方面加强社会层面宣传引导。2013 年，全省重大病虫害防控现场会在桓台县召开，通过组织现场观摩会、利用各种新闻媒体、张贴标语等形式加强宣传，营造了推进专业化统防统治良好的社会氛围。2019 年 8 月，举办了首届全县无人机飞防技能大赛，提高统防统治服务组织的服务效能和组织管理水平。另一方面加强统防统治从业人员技术培训。每年定期举办专业技术培训班，培训防治组织从业人员，每个从业人员每年至少参加一次培训。2013 年以来，累计举办培训班 100 期，培训人数 6 000 人次以上。同时搭建资源整合平台，将省、市、县发布的病虫发生动态及防治技术要点等信息资源及时分享至各个服务组织，指导服务组织及时开展应急防治，实现信息资源共享。

（五）完善制度建设，加强监督管理

根据全县实际，因地制宜地制订专业化统防统治管理办法，规范专业化服务组织的认定标准、服务作业行为和防治效果认定标准，探索建立行业准入考核制度和防治效果、药害鉴定和纠纷仲裁机制。对专业化服务组织的组建或撤销、服务方式、收费标准、用药规范、机械配置和使用保管、防效保障等环节进行监管，规范专业化服务组织的组建和运行行为，不断提高专业化服务组织建设与服务质量，探索建立化解自然灾害、人为损失、意外伤害等风险的长效机制。

三、取得成效

(一)对农作物重大病虫发生实施应急控制

针对农作物重大病虫查找困难,且应急防控反应迅速的特点,发挥专业化防治服务组织机动灵活,指哪儿治哪儿的优势,由县植保站提供病虫发生动态及防治措施,精确定位防治范围,专业化防治服务组织实施定点防治,条锈病、蚜虫、黏虫等重大病虫得到了有效控制。同时保证了防治效果,减少了农药用量,取得了十分明显的控害效果。

(二)为粮食高产创建保驾护航

在粮食高产创建活动中,对高产示范片的病虫害实行全程统防统治,取得了良好的防效,增产效果也十分明显。据对各粮食高产示范片的调查,病虫害统防统治的效果均达到 90% 以上,产量较农民自防提高 8.2%~9.5%。

(三)促进农民增收节支

经调查,开展统防统治服务,应用新型高效植保机械实施规模服务作业,防治效率提高 70% 以上,平均亩防治费用 6 元,减少农药使用 30% 以上,相较于农民自防,亩节本增效 92.5 元。防治服务组织利用机械高效的优势,开展大面积防治,亩盈利 2 元左右。

(四)促进防治新技术示范推广,提升农药减量技术水平

植保专业化统防统治服务组织作为一种技术推广的载体,在病虫防治新技术的示范推广上也发挥了重要作用,高效低风险农药和高效大中型机械的使用,进一步提升了农药减量技术水平。

（五）提升统防统治与绿色防控融合水平，保护生态环境，提高农产品质量

通过开展专业化防治，以病虫害专业化统防统治服务为主要形式，以农作物病虫害全程绿色防控为重点内容，推进专业化统防统治与绿色防控深度融合，杜绝高毒、高残留农药的使用，减少农药的施用量及施药次数，减少农民因误用、滥用农药而造成的药害和对环境及农产品的污染。

下一步，桓台县将更加深入开展病虫害专业化统防统治工作，查找问题不足和薄弱环节，努力在统防统治工作组织运行、市场化运作等方面深入探讨和研究，促进全县统防统治工作持续健康发展。同时，桓台县的统防统治工作将紧紧围绕托管服务模式展开，在土地流转的大背景下，积极推行农作物病虫害全程承包防治服务，全面实现病虫害防治专业化、规模化、集约化、机械化，从而更进一步提升防治组织管理水平，提升农药减量使用水平，提升统防统治与绿色防控水平，实现农机农艺有机融合，创建能够实现可持续发展的"病虫害统防统治和绿色防控新模式"。

开拓创新　探索统防统治新模式

——淄博市临淄区农作物病虫害专业化统防统治百县创建示范材料

一、农业基本情况

临淄区位于淄博市东部，是齐国故都、齐文化发祥地、国家历史文化名城，辖 12 个镇（街道），总面积 668 千米²，耕地面积 53 万亩，总人口 61 万。临淄农业较为发达，素有"鲁中粮仓"之称，是全国绿色食品原料（小麦、玉米）标准化生产基地、国家级出口农产品质量安全示范区、国家现代农业示范区。近年来，在上级的正确领导下，全区上下紧紧围绕建设现代化临淄，加快推进农业产业转方式、调结构，尤其是在深化农业社会化服务方面，积极探索，合理引导，着力健全完善农业生产服务模式，有力促进了农业不断增效、农民持续增收。

二、统防统治工作发展历程

临淄区农作物病虫害专业化统防统治始于 20 世纪末，服务对象为经济条件较好的村居及少数种粮大户，由村集体成立农业服务公司或机防队，出资购置防治药械和农药，以村为单位统一开展病虫害防治。随着土地流转加快，土地向种粮大户集中，统防统治工作迫切性日益突出。为解决以上问题，2009 年山东省实施现代农业粮食项目植保专项，临淄区成立了以乡镇农技站为主体的专业化防治组织，通过各村成立专业化防治队伍，由合作社统一管理，从而开展专业化统防统治工作。工作开展的前几年，由于病虫害防治是季节性工作，面临着专业机防人员匮乏、人员不稳定、一家一户收费难等诸多问题，缺乏项目支持和财政支持就难以大面积长期开展统防统治工作，统防统治工作面临尴尬局面。为了适应时代发展需求，提高统防统治服务组织积极性，在关键时期临淄区采取了政府出钱购买服务的方式开展统防统治工作，使得全区农作物病虫害统防统治出现了新的转机，一大批服务组织应运而生，植保社会化服务在全区迅猛发展，遍地开花。

2011年开始，扶持建立新型农业经营主体——合作社，并依托其实施政府主导的粮食生产耕、种、管、收所有关键环节的统一服务，即在粮食生产过程中实施统一玉米机收和秸秆还田、统一旋耕、统一深耕、统一再旋耕、统一施肥、统一小麦供种、统一小麦播种、统一病虫害防治、统一小麦收获、统一夏玉米机械播种十项统一服务，实现了粮食作物耕、种、管、收全过程机械化作业，有力推进了农业生产发展方式的转型升级。

2012年开始，积极探索统防统治新思路，通过对各种药械喷药进行试验对比，结果发现，地面药械在作物苗期适合进地作业，在作物生长后期就会出现碾压现象。受飞机防治美国白蛾启发，同省植保总站、淄博市植保站及几家飞防公司试验探讨空中施药防治小麦病虫害技术，向区主要领导汇报后，得到临淄区委、区政府的大力支持和专门指示，购置属于临淄区自己的农用飞机，并借此契机把临淄区病虫害统防统治工作推上一个新台阶。

三、统防统治发展现状

目前，全区拥有各类服务组织20余家，植保无人机100余架，载人飞机5架，地面大型药械100余台，日作业能力达10万亩。2013年至今，全区完成飞机防治粮食作物病虫害统防统治面积291.7万亩，其中2013年4.6万亩，2014年25万亩，2015年59.5万亩，2016年49万亩，2017年47.5万亩，2018年44.5万亩，2019

年 40.8 万亩，2020 年 20.8 万亩，防治效果、生态效益、社会反响良好。在全省率先开创了载人飞机大面积防治小麦病虫害的先例，打通了粮食生产集体耕作的最薄弱环节，促进了农业增效、农民增收，得到了临淄区委、区政府和上级业务主管部门的充分肯定。

四、推动专业化统防统治工作的具体做法

（一）购机扶持

一是通过项目购置药械进行扶持。2013 年临淄区由淄博众得利集团齐民旺植保专业合作社负责，购买 1 架中航工业特种飞行器研究所研制的载药量 150 升的 A2c 型农用飞机，用于开展试验示范，后又通过现代农业项目资金采购 4 架，2013 年、2015 年通过病虫害专业化统防统治能力建设示范项目资金采购 2 架 18 升的植保无人机、大型植保药械 10 余台，2017 年通过高产创建项目资金和病虫害专业化统防统治能力建设示范项目资金采购 36 架无人植保机和 24 架高地隙自走式喷杆喷雾机，全部免费发放到病虫害防治专业组织或农机合作组织，为临淄区病虫害统防统治做了充分的药械储备。

二是通过鼓励自购进行补贴扶持。临淄区委、区政府印发的《关于加快现代农业发展推进转型升级的实施意见（试行）》（临发〔2017〕8 号）文件提出，全力推进农业社会化服务体系建设，围绕主要粮食生产功能区建设，鼓励扶持农业合作组织从事市场化社会服务，对农机专业合作社、植保专业合作社、种粮大户、家庭农场等购置大型机械优先给予国家购置补贴政策支持。对年内购置的大型植保机械、自走式大型喷灌机械、粮食烘干仓储设备、大型玉米籽粒收获机、污粪运输车等主要机械设备，按投资额的 30％ 给予扶持，全区各植保服务组织、种粮大户、农机合作组织等自行采购 20 余台，对于购置的大型机械，按照文件要求全部兑现。

（二）资金补贴

在适合飞防的粮食主产区域，整合现代农业补助资金、小麦

"一喷三防"资金作为飞防补助，玉米"一防双减"作为药剂补助，不足部分由区财政列支，用于开展飞防工作。2013—2020年区财政列支1 500余万元，按照每亩10～12元的标准补助飞机防治粮食作物病虫害。通过近几年的飞防引导，从2016年下半年开始飞防工作由区农业部门组织实施转化为由乡镇自行组织实施，乡镇负责全面监督飞防过程和面积确认，农业部门承担技术指导工作，财政部门做好资金监管与拨付工作，区、镇两级分级合作，共同完成飞防工作。

五、发展方向

当前，临淄区病虫害专业化统防统治正处于迅速发展阶段，采取财政补贴与市场化运作相结合的方式，鼓励和扶持统防统治服务组织开展统防统治服务作业，让农民充分认识统防统治的好处，将来放下背负式喷雾器，逐渐接受统防统治，为统防统治完全实现市场化运作奠定坚实基础。下一步，临淄区将紧紧围绕"耕、种、管、收"托管服务模式开展工作，在坚持家庭联产承包责任制不变、农民土地使用权不变、农民经营主体不变、农民受益主体不变的前提下，由农机合作社、种粮大户、专业合作社、龙头企业、供销合作社等新型经营主体，按照农民的要求，对承包地实行统一管理、统一服务、统一经营，变一家一户"单打独斗"式农业生产为规模化、集约化、机械化生产，从而进一步解放和发展生产力，推动农业经营方式的转变，促进农村发展。虽然临淄区统防统治工作取得了一定成效，但和先进地区相比，还有一定差距，今后将不断向先进兄弟区县学习，深入查找问题不足和薄弱环节，努力在统防统治工作组织运行、市场化运作等方面进行深入探讨和研究，促进全区统防统治工作持续健康发展。

多措并举 打造农作物病虫害
专业化统防统治 "商河模式"

——商河县农作物病虫害专业化统防统治百县创建示范材料

商河县地处鲁西北平原，是山东省济南市的北大门，是一个传统农业大县，耕地面积 114 万亩，粮食常年播种面积 170 余万亩，其中小麦 80 万亩、玉米 90 万亩，年总产量 90 万吨。是国家级生态县、国家级出口农产品质量安全示范区、国家农产品质量安全县，连续多年被国务院、农业农村部表彰为全国粮食生产先进县（单位），2019 年被评为"全国统防统治百县"。多年来，在上级领导的支持与帮助下，商河县坚持"预防为主、综合防治"的植保方针和"科学植保、公共植保、绿色植保"的现代植保理念，本着"三方共赢、五方受益"的发展思路，以实现"病虫防治专业化、统防统治绿色化、保障粮食生产安全"为目标，齐抓共管，大力推进农作物病虫害专业化统防统治。经历了服务组织从小到大，防治形式由简单的人背机械到地面和空中立体施药技术相结合，作业方式由点片作业到整建制推进的发展历程，统防统治工作实现了创新式发展。2015 年山东省重大病虫暨小麦"一喷三防"统防统治现场会、2017 年济南市重大病虫统防统治及小麦穗期病虫害防控现场会先后在商河县顺利召开，是各级领导对商河县统防统治工作的认可与肯定。

一、工作成效

（一）农作物病虫害专业化统防统治形成"商河模式"

商河县坚持行政推动，坚持市场化运作，坚持大面积整建制推进，强化项目资金整合，强化提升服务意识水平，创新服务模式，逐步创新形成了"三方共赢、五方受益"的农作物病虫害专业化统防统治工作的"商河模式"，即政府、服务组织、服务对象三方共赢，政府得民生、服务组织得发展、机手谋就业、新型农业主体得效益、农民群众得实惠，全县生物预警、监测、防控等植保体系得到完善，植保队伍建设得到加强，农作物病虫害专业化统防统治能力得到提升。

（二）涌现出一批农作物病虫害专业化统防统治示范典型

截至目前，全县现有统防统治服务组织 45 家，其中全国星级服务组织 4 家、省级优秀服务组织 3 家、专兼职从业人员达 2 000 多人，拥有大中型植保机械 4 000 余台（套），日综合防治能力达 40 万亩以上。商河县林玉粮食种植专业合作社、商河县保农仓粮食种植专业合作社、商河县中海农业产业合作社 3 家合作社被评为山东省农作物病虫害防治优秀服务组织，受到省农业农村厅表彰。在他们的示范带动下，全县规模典型统防统治组织不断涌现，队伍不断壮大，示范效应不断显现。

（三）农作物病虫害专业化统防统治实现整建制推进

近年来，商河积极整合项目资金，强化整建制推进，加强示范带动，通过政府采购，实施"地毯式"、全方位开展统防统治服务作业，小麦穗期病虫害专业化统防统治连续 5 年实现全覆盖。2016年完成统防统治面积 121.85 万亩次，其中小麦 84.5 万亩次、玉米 20.85 万亩次、其他作物 16.5 万亩次；2017 年完成统防统治面积 111.6 万亩次，其中小麦 86 万亩次、玉米 16.8 万亩次、其他作物 8.8 万亩次；2018 年完成统防统治面积 108.92 万亩次，其中小麦 86 万亩次、玉米 20.85 万亩次、大蒜病虫害全程绿色防控面积 2.07 万亩次；2019 年完成统防统治面积 231.91 万亩次，其中小麦 87.38 万亩次、其他作物 144.53 万亩次；2020 年完成统防统治面积 265.23 万亩次，其中小麦穗期全覆盖 86.3 万亩次、小麦茎基腐拌种 12 万亩次、大蒜病虫害全程绿色防控面积 12 万亩次、其他作物 154.93 万亩次。

（四）农作物病虫害专业化统防统治服务体系不断健全

县农业农村局制定印发了《植保社会化服务组织运营管理办法》，制定了详细的考核细则，实行末位淘汰制度，规范合同、档案管理，建立健全服务组织准入制度、运行制度、监督体系，完善统防统治服务体系。

二、工作做法

（一）强化整合项目资金

县委、县政府始终高度重视统防统治工作，成立了专门的领导小组，保障了资金整合与扶持。积极整合国家重大病虫害防控，农业农村部高产创建，省、市植保体系建设项目，玉米"一防双减"，小麦"一喷三防"，高产创建示范方建设奖补资金和济南市财政社会化服务资金等项目资金，为服务组织发展开拓业务、提供资金支撑。通过加强政府引导扶持，发展一批服务优质、行为规范、防控科学的统防统治服务组织，使之成为能为政府分忧、能为农民解难的病虫防控的主力军。

（二）强化组织标准化建设

按照有法人资格、固定场所、防控队伍、专业人员、技术规程、服务档案"六有"标准，加强制度建设，完善档案管理，规范管理运行，做到有章可循、有据可依。建立植保队伍和机防队伍的聘任、培训、考核、奖惩等管理制度，加强机防队人员管理，签订雇佣合同，进行登记造册，接受机防队监督、培训和指导，规范组织管理。组织专家组进行相关知识的培训，引导统防统治服务组织提高服务水平，规范防治流程与行为，科学防控病虫草害，全面提升农作物病虫综合防治能力和水平。

（三）强化发展新型服务主体

对全县 41 家市级以上农业龙头企业，824 家各类农民专业合作社，260 家在工商管理部门登记的家庭农场等新型农业主体做了登记备案，定期召开会议，加强交流，强化协调和信息沟通，为新型主体解难题，将新型农业经营主体作为推动植保社会化服务组织快速发展的着力点和落脚点。

（四）强化舆论宣传发动

通过电视、广播、村级大喇叭、墙体标语、田间课堂、横幅、明白纸、宣传车等途径，广泛宣传统防统治的及时性、科学性、防效高等优点，让农民从思想上认识统防统治的必要性和方向性，提高广大农民对统防统治的认知度。

（五）强化技术支撑要素

一是制定小麦、玉米病虫草害综合防治技术操作规程。总结全县多年来病虫草害发生发展情况，制定小麦、玉米病虫草害综合防治技术操作规程。关键时期，关注气象变化，加强田间调查，根据诱蛾统计，通过数据分析，把握病虫动态，及时准确提供病虫信息，指导科学防控。二是组织技术技能培训。密切结合新型职业农民科技培训、农技推广示范县等项目，对统防统治服务组织开展技术技能培训，在病虫草识别与防治、安全用药、药械使用与维护等方面加大培训力度，增强服务组织植保技术员的业务能力，提升机手药械使用与维护技能，使他们做到责任心强、政策通、业务熟。

三、今后工作重点

第一，继续坚持整建制推进思路，全面提高农作物病虫害专业化统防统治的广度与深度。2021 年商河县将以农作物病虫害专业统防统治为依托，全县 86.3 万亩小麦全部实施统防统治作业，实现全县整建制推进。

第二，继续加强社会化服务组织建设，切实提高全县农业生产社会化服务水平。依托原有社会化服务组织，推进建设农业技术推广服务平台，集病虫草害测报服务、病虫草害专业化防治服务、新型职业农民培训、农机社会化作业服务、测土配方施肥服务、农技推广服务、农资供应服务于一体，争创全国社会化服务优秀组织。

第三，继续做好县域农业生产社会化服务主体名录库建设，搭建区域农业生产性服务综合平台，不断规范全县农业社会化服务市场，调动和发挥农业生产各类服务组织的力量，为农户提供多种形式的生产服务，提高农业生产服务质量。

第四，继续引进更新施药设备，提高装备水平。通过整合项目资金，依托农业技术推广服务平台，对现有装备进行更新升级，推动全县农作物病虫害专业化统防统治水平再上一个新的台阶。

精准实施专业化统防统治
实现虫口夺粮
——成武县农作物病虫害专业化统防统治百县创建示范材料

一、成武县农业概况

成武县隶属于山东省菏泽市，总面积 988.3 千米^2，总人口 72.82 万，耕地面积 105.6 万亩。常年粮食作物面积 123.85 万亩，总产 55.3 万吨，先后荣获全国粮食生产基地县、中国优质棉繁育基地县、全国农田水利基本建设先进县和全国高标准平原绿化县等荣誉。

二、主要工作措施

成武县深入贯彻"预防为主、综合防治"的植保方针，始终坚持"市场主导、政府扶持、组织主体、专业服务"的原则，以"提升防效、减量增效、保供增收"为目标，以粮食、重要农产品和特色农产品生产区为主战场，整合资源，大力推进农作物病虫害专业化统防统治，推动农业高质量发展。

（一）建立管理体系，加强资金支持

为保证统防统治工作顺利进行，县政府成立了由分管县长为组长，农业农村局局长为副组长，农业、财政、农机、粮食、金融等部门负责人为成员的农作物病虫害专业化统防统治工作、技术领导小组，全方位开展工作。2015—2018 年，县农业农村局共整合利

用资金 660 万元，其中植保项目资金 350 万元，粮食、棉花高产创建项目资金 130 万元，自筹资金 180 万元，购买了 45 台自走式喷杆喷雾机、68 台悬挂式喷杆喷雾机、4 台自走式水旱两用喷杆喷雾机和 37 台航空植保无人机。2017—2020 年，利用中央、省拨农业生产救灾资金及项目整合资金 1 200 万元，通过政府购买服务的方式，每年开展统防统治作业面积达 260 万亩次以上。2010—2019年，政府每年列支 20 万～50 万元，用于小麦条锈病、赤霉病、玉米灰飞虱（粗缩病）、草地贪夜蛾等重大病虫统防统治，对大型植保药械全部安装了"电子眼"，通过农业智慧平台科学管理，大大提高了植保服务组织的质量和效率，全方位调动合作社和广大农民的积极性，激励服务组织快速健康发展。

（二）加强人员培训，提升服务水平

每年举办统防统治培训班 3 期，累计培训农民群众 1 500 人次以上。2019 年、2020 年度，连续举办了"统防统治、绿色防控"自动巡航植保无人机操作技术培训班，培训组织 20 家、操作手120 人。通过理论讲解、现场演示、实际操作，参训学员进一步掌握了无人机操作技能、飞行技巧以及日常维护、保养等，提高了服务组织无人机操作技能，壮大了无人机机手队伍。

（三）完善监督考核，保证持续发展

一是对县域范围内的规模化生产大户、家庭农场、合作社、农业龙头企业等新型经营主体进行在册管理，建立田间生产管理档案，全程记录病虫害防控措施，建立数据库。二是在统防统治服务作业期间，组织专人对操作人员药剂配制程序、田间喷雾技术等进行不定期检查，以确保防治质量，杜绝作业中人为造成迟喷、误喷、漏喷、重喷等现象发生。三是规范管理，明确了承包户、机防手、服务站站长、合作社的责权利，并于 2020 年按照成武县农业农村局印发的《成武县农作物病虫害专业化"统防统治百县"实施方案》中的绩效评估方法，对各乡镇统防统治工作进行了考核。

三、取得主要成效

目前，全县共有统防统治服务组织 120 家，正式注册登记 115 家，专业技术人员 962 人，拥有机动药械 7 500 余台（套），日作业能力 19.6 万亩。全县三大粮食作物病虫害专业化统防统治面积达 386 万亩次，其中植保无人机服务面积 232.6 万亩次，大中型植保药械服务面积 153.4 万亩次；三大粮食作物统防统治覆盖率达 77.8%，统防统治区化学农药使用量较农民自防区减少 32.1% ～ 36.8%。通过统防统治，农药减量控害显著，农药使用量连续五年负增长，新型绿色防控技术逐渐推广，农田生态环境明显改善，天敌种群数量上升，统防区域节本增效显著。

四、今后发展思路

统防统治是病虫害防治组织方式的创新，绿色防控是病虫害防治技术体系的创新，成武县将一如既往地高度重视，以组织方式和防治技术相融合为总抓手，制定了如下五项工作思路。

第一，树立新理念，把新发展理念贯穿发展全过程和各领域，构建新发展格局，制定农作物病虫害专业化统防统治发展规划，推动新技术变革、效率变革，实现更高质量、更有效率、更为安全的绿色发展。

第二，创新防控机制、制定标准化方案、集成防控技术，提高预警能力，提高防治效果。防控方式向农药节约型、绿色友好型转变，促进植保机械升级换代，推广高效新型植保机械，提升农业现代化水平。

第三，加快培育主体，形成模范带动，鼓励各地大胆探索与实践，拓宽领域，总结经验，逐步壮大专业化防治队伍，打造人员稳定、技术过硬和真抓实干的防治队伍。广泛建立村级服务站，构架专业化统防统治服务网络。整体推进病虫害专业化统防统治重大工程实施。

第四，加强全方位培训，提高植保服务组织负责人的服务意识，提高机防队员施药技术水平。强化智慧农业平台建设，严抓施药质量，达到科学施药、精准施药的目的，从而确保农业安全生产。

第五，建立配送中心，建立田间和"车间"的对接，完善县农业保险实施方法，鼓励合作社及农户购买农业保险，建立统防统治损失保障机制。

培育服务组织　提升服务能力
提高农作物病虫害专业化统防统治水平

—— 东营市东营区农作物病虫害专业化

统防统治百县创建示范材料

一、基本情况

东营区位于山东省东北部，东营市中部，黄河三角洲腹地，胜利油田所在地，是东营市经济、文化、消费、交通和物流中心。全区耕地面积 38.56 万亩，以种植小麦、玉米为主，2020 年种植小麦 15.9 万亩、玉米 17.72 万亩。"十三五"以来，在区委、区政府的正确领导下，农业农村局主动适应经济发展新常态，立足城郊农业特点，深入推进农业供给侧结构性改革，加快培育农业农村发展新动能，统防统治工作有序推进。2020 年在小麦条锈病发生严重，草地贪夜蛾首次入侵情况下，区政府高度重视，组织鑫麒农业、金丰农场等多家统防统治服务组织，调动农用植保无人机 50 架，先后实施了小麦条锈病统防统治应急防控和草地贪夜蛾统防统治、联防联控，及时有效地控制了重大病虫发生危害。

二、组织情况

（一）服务组织与备案

全区共建立了不同形式的统防统治服务组织 20 余家，从业人员达到 252 人，其中持证上岗人员 150 人；拥有各类施药机械 2 000 台以上，其中大中型机械 73 台（套）、无人机 151 架、直升机 4 架，日作业能力 14.3 万亩以上。目前已参与登录农业农村部"全国农作物病虫专业化统防统治服务信息平台"且备案服务组织 18 家、作业面积 71.82 万余亩,全面提升了全区植保防灾减灾能力。

(二)全国统防统治星级服务组织

经过中国农业技术推广协会评定,东营市鑫麒农业科技有限公司获得 2019 年度"全国统防统治星级服务组织"称号,该组织 2020 年防治小麦 5.79 万亩次、玉米 11.35 万亩次,机手苏帅帅在"山东省 2020 年乡村振兴技艺技能大赛植保无人机飞防比赛"中,获得了飞防能手二等奖,对全区农作物病虫害专业化统防统治服务组织的发展起到了示范带头作用。

三、工作开展情况

据统计,2020 年东营区全年主要农作物专业化统防统治作业面积 71.82 万亩次,其中小麦 33.50 万亩次,统防统治覆盖率达到 85%,承包防治占比 74%;玉米 32.34 万亩次,统防统治覆盖率达到 87%,承包防治占比 76%;水稻 5.98 万亩次,统防统治覆盖率达到 100%,承包防治占比 77%。开展的主要工作如下:

(一)加强组织领导

成立了东营区农业有害生物灾害应急防控指挥部,副区长任指挥长,农业农村局局长任副指挥长,指挥部下设办公室,设在农业农村局,农业农村局局长兼任办公室主任。成立了由农业农村局有关专家组成的专家委员会,制定了《东营区农作物病虫害专业化统防统治实施意见》,强化了组织领导。

(二)加强技术指导

一是加强病虫监测预警,抓好病虫防控技术培训。2020 年,全区发布病虫防控情报及警报信息近 20 期,并通过微信群、网络、镇街政务平台及时发布，浏览人次 20 万人次以上。二是举办病虫害网上视频培训班 2 期，培训 1 万人次以上，录制小麦穗期病虫害防控广播讲座 1 次，收听和培训人次 500 人次以上；发放《小麦茎基腐病综合治理技术意见》明白纸 4 000 余份。

（三）推动航空植保

2020 年 5 月 6 日，在牛庄镇举行了乡村振兴片区小麦条锈病等重大病虫害防控项目启动仪式，组织打好全区小麦病虫害统防统治植保无人机作业战役。2020 年 8 月 13 日，东营市玉米重大病虫害无人机统防统治启动仪式在东营区召开，全面推动全区小麦、玉米重大病虫害无人机防控。通过各项工作的开展，无人机统防统治家喻户晓，群众接受意愿强，发展空间大。

四、取得成效

（一）健全农作物病虫害应急防控机制

建立了以统防统治服务组织为主体的新型农业有害生物灾害预警和快速反应队伍，及时有效地预防和控制农业有害生物灾害的发生和为害，确保农业增产、农民增收和人们的身体健康，实现农业的可持续发展。

（二）保障粮食生产安全取得实效

充分利用现有服务组织，对病虫害实行全程统防统治，由于这些服务组织机动灵活，实施定点防治，达到了应急控制的目的，同时保证了防治效果，2020 年东营区在特重大病虫害多发之年，没有因小麦条锈病、茎基腐等重大病虫害造成产量较大损失，取得了十分明显的控害效果。

（三）农药减量水平不断提升

统防统治服务组织作为一种技术推广的载体，在病虫防治新技术的示范推广上也发挥了重要作用，高效低风险农药和高效大中型机械的使用，进一步提升了农药减量使用水平。2020 年，小麦种植面积 15.9 万亩，统防统治折百用药量 22.27 克/亩，农户自防折百用药量 33.85 克/亩，统防统治较农户自防减少 34.20%；玉米种植面积 17.7 万亩，统防统治折百用药量 25.40 克/亩，农户自防折百用药量 38.20 克/亩，统防统治较农户自防减少 33.50%；水稻种植面积 2.30 万亩，统防统治折百用药量 28.20 克/亩，农户自防折百用药量 41.17 克/亩，统防统治较农户自防减少 31.50%。

（四）统防统治与绿色防控融合水平不断提升

通过开展统防统治，以病虫害专业化统防统治服务为主要形式，以农作物病虫害全程绿色防控为重点内容，推进了专业化统防统治与绿色防控深度融合，保护了生态环境，提高了农产品质量。

（五）生产托管服务规模不断扩大

充分利用病虫害防治资金，积极推行政府购买服务方式，大力扶持发展规范化的统防统治服务组织，提高农民参与积极性，提升服务组织的服务规模和可持续发展能力。重点支持从开展病虫代防代治向承包防治服务拓展，从粮食作物向园艺作物拓展，从当季作物承包防治服务向全年作物承包防治服务拓展，在更高层次上推进统防统治服务，支持专业化服务组织通过生产托管，将先进适用的品种、技术装备等要素导入农业生产。2020 年全区发展农业生产托管服务 1 万亩，大力推动了农业生产社会化服务。

五、下一步发展方向

（一）加强服务组织能力建设

大力扶持发展规范化的服务组织，着力打造一批装备精良、管理规范、技术先进、诚信度高的专业防治队伍，加快推进新型机械、高效低风险药剂和精准施药技术应用，形成"地面＋低空"立体防控模式，不断提升病虫防治水平，稳固扩大粮食作物统防统治面积。

（二）增加地方财政投入

东营区已将 2021 年小麦、玉米统防统治列为民生工程，列入财政资金预算，下一步将会争取区级财政支持，加大补助力度，逐步推动全区实现小麦、玉米整建制统防统治。

（三）加快植保机械替代

有针对性地开展不同机械施药对作物应用效果试验，同时加强与服务组织、药械企业的深度合作，积极引进新型高效植保机械，提升农业新旧动能转换的高度和实效。东营区病虫害专业化统防统治工作虽然取得了一定成效，但与上级要求和先进地区相比，还有一定差距，今后将不断向先进省先进区县学习，深入查找问题不足和薄弱环节，努力在统防统治工作组织运行、市场化运作等方面进行深入探讨和研究，促进全区统防统治工作持续健康发展。

大力推进专业化统防统治
全方位提升植保工作水平

——滕州市农作物病虫害专业化统防统治百县创建示范材料

多年来，滕州市十分注重推行农作物病虫害专业化统防统治工作，以统防统治作为植保工作总抓手，积极整合涉农资金，带动金融资金、社会资金投入，多措并举，推动全市统防统治能力不断提升，取得了明显成效，全面提高了农业重大有害生物防灾减灾能力。通过多年引导和扶持，基本形成了以植保合作社为主，以各类机防队为辅的农作物病虫害专业化防治体系，有效解决了防病治虫难题，保障了粮食生产安全。

一、基本情况

目前，全市已成立农作物病虫害专业化统防统治服务组织 55 个，其中注册登记 35 个，组建各类机防队 79 个，从业人员 1 300 余名，拥有大中型植保机械 1 080 台，其中植保无人机 105 台，日作业能力达 12 万亩。滕州市汉和农业植保有限公司获得 2019 年度"全国统防统治星级服务组织"荣誉称号。

二、工作开展情况

2020 年全市开展小麦、玉米、马铃薯等作物统防统治作业面积 504 万亩次，其中小麦 164.97 万亩次、玉米 229 万亩次、马铃薯 110 万亩次，三大作物统防统治覆盖率分别是 55.1％、58.2％和 39.7％，整建制推进村达 50 余个，效果显著。

三、运作方式

在统防统治工作中，坚持政府引导和农民自愿的原则，采取统一组织和分散经营相结合的形式，以先进的植保技术和植保机械为手段，以植保专业合作社为依托，对农户进行有偿服务，市农业农村局对其加强行业监管和技术指导，实行政策扶持、自负盈亏、自我发展的市场化运行机制。

在管理上，实行"五定""五统一"。"五定"，即定工作职责、定防治任务、定防治对象、定防治效果（产量）、定风险责任；"五统一"，即统一组织、统一测报、统一配方、统一供药、统一防治。由各服务组织与群众签订防治协议，实施统防统治服务作业，若在服务中给村民造成损失，统防统治服务组织要承担相应责任。

服务方式坚持因地制宜、形式多样的原则，发挥最有效的作用和实现最大化的服务效益，推动植保社会化服务多样化健康稳步发展。通过多年实践检验，目前，滕州市主要存在三种运作模式，即代防代治、阶段性承包防治和全程承包防治。代防代治是由服务队把农户的药喷洒到指定田块，仅收取一定的作业服务费，由服务队与农户单独联系，根据农户的需要和要求开展服务。阶段性承包防治和全程承包防治，则由统防统治服务组织与村或农户签订服务合同，负责单一或多种病虫的防治，或农作物生产从播种到收获的全程病虫害防治，统防统治服务组织根据病虫发生特点或农作物主要病虫害种类，制定监测、防治方案，准备药剂、药械，进行施药，确保防治效果，统防统治服务组织收取一定的承包费，以维持运作和取得利润。

四、主要措施

为保证统防统治工作顺利实施，滕州市农业农村局将其作为切实为农民办实事办好事的大事来抓，主要采取了以下措施：

（一）强化领导，提高认识

市政府专门成立了农作物重大病虫害专业化统防统治工作领导小组，领导小组下设办公室（市植保植检站）和技术指导组，统一组织此项工作。各乡镇由分管领导和专人共同负责，强化领导。

（二）整合资源，加强扶持

市农业农村局整合各方力量、聚集多方资源，加大了对专业化统防统治的扶持力度，市场化运作，公司化操作，扶持成立了好丽农飞防大队和农博士飞防大队。以统防统治服务组织和新型农业经营主体为补助对象，做好重大病虫应急防治和统防统治补贴，发挥了政策导向和资金激励作用，推动了统防统治工作向纵深快速发展。

（三）狠抓培训，提高素质

市植保植检站加强了对统防统治服务组织的技术指导力度，及时提供病虫发生情况和防治适期等技术信息，不断推广新型高效施药机械和精准施药技术，提高了防控技术水平和病虫防治效果。通过借鉴优秀服务组织的成功经验，督促全市服务组织健全各种管理制度，探索建立有效的经营方式和服务模式，保障了防治组织健康稳定发展。根据工作需要，利用农闲之时，集中力量对全市植保员、机械维修员、专业合作社负责人以及所有机防队员进行业务培训，主要培训病虫防治知识、机械的操作及其维修技术。一是采取现场培训。由市里的植保专家和相关植保机械厂工程师，分别就开展统防统治工作的意义，作物病虫害防治知识、防治技术、喷雾机的使用原理和常见故障排除等进行现场讲解和演示。学员现场提问，老师现场解答，效果非常明显。二是深入式培训。组织植保专家，深入到乡（镇）、村对机防队员进行培训，把培训班办到每个乡镇、每个机防队，全力做到服务组织建到哪里，技术培训和服务就到哪里。经过培训，使机防队员做到了"四会"，即会识别病虫、会科学用药、会检查防效、会维修药械，确保每一个服务组织在为农服务时做到适期防治、药剂选择合理、药液配置科学、安全保护措施到位。三是积极组织外出学习。利用新型职业农民培训、省组织的统防统治培训班，动员服务组织和机防队队员参加学习。

五、下一步工作打算

一是进一步做好统防统治工作的宣传指导。通过多种途径、方式，宣传开展统防统治的重要意义，提高广大农户参与的积极性，进一步扩大统防统治面积。大力扶持专业化统防统治组织队伍，充分发挥其示范带动作用。

二是完善新型植保服务体系。通过扶持、引导、改造现有的服务组织，以植保机防队建设为核心，组织农药经营大户、种田大户及农业科技示范户等社会力量，完善新型基层植保服务体系，使其向正规化、规模化、可持续化方面发展，推动统防统治工作开展，从根本上解决农民种田"治病防虫难"的问题。

三是争取政策资金扶持。进一步争取领导的重视及有关部门的配合支持，积极争取上级扶助资金，更新防治机械，加强专业技术人员培训，不断提高服务组织的市场化运作能力，充分发挥服务组织在重大病虫应急控制中的作用，保障专业化防治工作顺利开展。

第二章

星级服务组织典型案例

创新服务模式　搭建优秀服务平台
——商河县保农仓农作物种植专业合作社

一、基本情况

商河县保农仓农作物种植专业合作社成立于 2014 年，注册资金 200 万元，位于商河县玉皇庙镇，和天津市保农仓病虫害防治专业合作社是连锁化经营，和山东恒利达生物科技有限公司是捆绑一体化经营，2016 年在张坊乡新建成一个占地 20 亩的高产创建一体化服务中心。合作社现有办公面积 2 000 米²、药械库 2 500 米²、综合服务大厅 2 000 米²，大型培训会议厅 2 个，现代农业示范基地 1 处，合作社固定资产约 1 448 万元，目前主要开展统防统治、土地全托管服务、花卉种植以及配方施肥。

2014 年合作社被评为"山东省优秀服务组织"，2016 年被评为"山东省农民合作社省级示范社"，2019 年被评为"山东农业生产性服务组织省级示范社""全国统防统治星级服务组织"。2014 年统防统治面积 12 余万亩，2015 年统防统治面积 30 余万亩，2016 年在天津防治 130 万亩，在济南商河防治面积约 60 万亩，2017 年在商河、济南防治面积合计达 100 余万亩，2018 年在商河防治面积达 80 余万亩，2019 年防治面积 110 万亩，2020 年防治面积达 120 余万亩。

目前，合作社日作业能力 32 万亩，防治设备包括：美国罗宾逊 R44 直升机 1 架、法国小松鼠直升机 1 架、3WYD－4－10 型高效农用无人植保喷雾机 25 架、大疆 T20 农用无人植保机 35 架、自走式旱田机、高杆喷雾机、水旱两用喷杆喷雾机、拖挂式喷雾机、担架式喷雾器等大型设备 39 台，静电喷杆喷雾机、支架式电动喷雾机、机动喷雾机等小型设备 2 600 台，弥雾机 20 台，并配套有服务专用车辆 8 台、水罐车 4 台、吨罐 200 个。

合作社本着"预防为主、综合防治"以及"绿色防控"的宗旨，始终坚持"市场化运作、公司化管理、农民自愿、因地制宜"的原则，致力于打造一个制度健全、技术力量先进且雄厚、行为规范、信誉良好的合作社，一个高水平、规范化的服务组织，形成一支用得上、拉得出、打得赢、受群众欢迎的专业化统防统治队伍。

二、运作模式

商河县保农仓农作物种植专业合作社在商河县农业农村局的指导和帮助下，实行公司化运作。公司有专业化的防治队伍，配有专业的防治器材，主要负责实施病虫草害防治工作，运作模式有代防代治和统防统治两种。

代防代治对象主要是一些种粮大户、种植基地以及因缺乏劳动力请合作社代为防治的种粮农户，目前在防治中所占比例不大。但他们是统防统治甚至是将来规模化农业发展最有力的支持者。这类防治所需农药根据客户要求，或由客户采购，或由合作社代为采购，原则上合作社会根据客户种植作物以及田间病、虫、草害发生的实际情况，给客户提出防治建议，合作社出动机手和设备进行防治，并给予相关技术指导和说明。

统防统治主要是通过前期工作，建立一批示范区和示范组织，通过示范带动和典型榜样，逐步实现整村、整乡推进，最终实现区域间联防联控、区域内统防统治，这项工作得到了商河县农业农村局的大力支持和推动，打开并实现了统防统治的局面。

合作社也在探索发展全程承包服务工作，包括蔬菜病虫害的统防统治工作。合作社以雄厚的技术力量和先进机械为支持，建立专家技术平台，制定从播种到收获全程病虫害防治技术方案及栽培管理方案。加入合作社的农户要经过专业技术培训，病虫害防治工作由合作社专业化防治队伍负责，合作社对农作物病虫害及农产品质量安全负责。

三、主要做法与经验

（一）建立健全各项规章制度，规范管理工作

发展至今，合作社建立了包括《合作社章程》《财务管理制度》《仓库管理制度》《农药管理制度》《机械设备管理制度》《专业化防治人员守则》等在内的相关制度，健全了包括《防治队伍安全操作规程》《安全科学用药技术操作规程》《大田作物防控技术方案》《经济作物防控技术方案》《瓜果类防控技术方案》《蔬菜防控技术方案》《全程承包服务防控技术方案》等在内相关作业技术规程，以及相关防治机械设备的使用和维护方法。

（二）建立专家技术平台，科学防治

合作社设立专门的技术部，成立专家团，聘请专业人员，目前有高级农艺师5名、植保相关专业硕士研究生2名、本科生1名。同时聘请农技专家、植保专家、药械专家对防治技术人员进行技能培训，确保能够及时、科学防控，掌握防控主动权，并把应用药械防治病虫害的能力发挥到极致。

（三）加强培训，提高科学素质、规范操作方法

合作社采取"走出去、请进来"等多种形式拓宽培训渠道。结合阳光培训、新型农民培训，聘请省、市植保专家以及药械厂家技术人员，进行病虫害发生与防治、植保机械使用与维护技术等相关知识的培训，聘请专家在生物防治、物理防治、安全用药等方面进行重点培训。

合作社内部通过现场会、播放视频学习以及言传身教等方式切实提高机手的实践操作能力，提高管理者的组织管理能力，提高合作社整体防治水平，规范机手操作，同时每次工作结束后都进行工作

总结，对出现的问题及时纠正，对总结到的有效做法和经验及时推广。

（四）通过实际防治工作，不断优选药械，优化防治组织模式

1. 建立统防统治标准作业流程（图1）

通过宣传引导与开发，了解客户需求，初步签订《病虫害防治意向书》，然后由技术部到客户田间实地调查，出具可行的防治方案，业务员就防治方案与客户再次沟通，并签订防治合同。一旦签订合同，后勤部、市场部、技术部都要行动起来，包括准备器械、核实面积、了解地形与水源、进行防治前培训等。合同签订后技术部及时进行病虫害调查与监测，当达到防治指标时，通知市场部机防人员实施防治。防治结束后，机防人员要对药械进行清点、维护，并做入库处理。田间防治产生的一切废弃物均要带回统一处理。同时村级防治队需要与客户确认防治面积，签订《防治确认单》。在防治3～7天后验收防效。如果防效合格，由技术部出具评价报告，对药械性能、药剂防效、人员操作以及防治过程中出现的值得借鉴的经验等进行评价和记录，以便在以后的工作中改进。如果防效不理想，则分析原因，或进行补充防治，或双方协商处理。

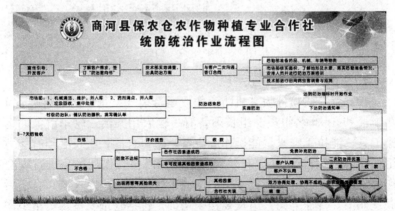

图1　统防统治标准作业流程图

2. 机构设置与合理分工（图2）

合作社的防治工作主要由市场部承担，整个市场部根据乡镇划

分为多个片区，如玉皇庙片区、张坊片区、贾庄片区等。每个片区下面以村为单位成立村级服务队，如玉皇庙片区段家服务队等。每个服务队下设有机防组，包括大型设备机防组和小型设备机防组，机防组的数量最少要满足日工作能力大于服务队所在村作物面积的三分之一，也就是最多三天完成全村防治工作。同时各服务队可随时接受调动，进行异地作业。

目前，合作社在很多乡镇都设立了服务网点，提供技术咨询与服务、农资服务等工作，争取在全县进行全网络的服务覆盖工作。

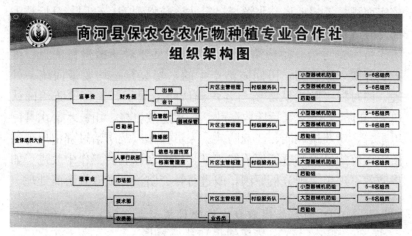

图 2 企业组织架构图

3. 防治作业运行模式

（1）背负式喷杆喷雾机防治作业运行模式。每个防治组配备 1 名组长和 5～6 名组员。组长须备有一辆农用柴油三轮车以上的运输工具，能拉 1 吨水，能操作此设备，签订合同；组长必须有能力组织 5～6 名组员，并能有效管理，入社后由合作社统一进行安全作业培训，并进行管理技术组织沟通工作等全面内容考核，合格后颁发证书，持证上岗；组长要接受培训，包括管理、技术、组织沟通等内容，考核合格后，颁发结业证书，持证上岗；组长对上一级片区经理负责，对所防治作业效果负责，以防治确认单面积为准；组长对防治组设备正常作业负责，对本组防治人员的安全、食宿、用油、用电等相关事宜负责，确保本组按合作社制度进行工资分配，组长有权对不合格防治队员进行辞退；组长负责全组防治药、水运输、设备维修、设备大问题上报，喷雾机放水，与所防区域负责人沟通，明确防治区域，并签订确认单等工作。每日统计防治情况，并上报片区经理；防治员必须对组长负责，对防治效果负责，服从组长监督；出现问题要第一时间向合作社片区经理汇报，以便做出妥善处理；防治资金分配的原则是按亩计算（组长：全组防治亩数 1～1.5 元/亩，组员：防治亩数 3～3.5 元/亩，合计 4.5 元/亩）。按每小组防治员 6 人计算，每天防治 700 亩左右，组长收入 700～1 050 元，去除 100 元开支，收入 600～950 元；组员每人每天收入 420～490 元。这种模式由片区经理指挥，组长负责，组员绩效作业，技术部和后勤部统一支持，实现团队自动运行。

（2）三轮自走式喷雾车防治作业运行模式。每个防治组配备 1 名组长和 5～6 名组员。组长必须经过培训和设备安全考核，获得组长上岗证，并且认同合作社的核心价值观；必须拥有一辆拉 2 吨水的运输工具且熟练操作，并签订合同；组长须能够组织和管理两个 60 岁以下、有操作三轮车经验的人员，由合作社进行设备、安全、喷药技术方面的培训，培训期间合作社负责基本生活费用，考核结业后颁发上岗证，培训颁证人员要签订两年合作合同，不能违约，合同约束责、权、利清晰；组长负责从合作社领两辆自动三轮喷药车，并签订领取单，当场检查车辆、设备是否正常，交车时按单交回完好的车辆设备；组长组织，三人组合，两人喷药作业，一人拉水，拉水与作业倒班工作，休人不休设备，每天作业 700 余亩；组长对防治组设备正常工作负责，对安全、食宿、用油、用电等相关事情负责，费用组长自理，工资分配严格按照合作社统一制度进行分配；组长负责防治作业的药水运输、设备维修、与所防区域负责人沟通、明确防治区域并签订确认单，每日统计防治情况并上报片区经理；防治员必须对组长负责，对防治效果负责，服从组长监督，出现问题要第一时间向合作社片区经理汇报，以便做出妥善处理；防治资金分配的原则为按亩计算。

（3）农用植保无人机防治作业运行模式。每个防治组配备1名机手和1名地勤。机手必须经过培训，取得无人机驾驶证。必须具备一辆拉1吨水的运输工具且熟练操作，签订合同；配备地勤1名，主要负责驾驶车辆，协助机手飞防工作；机手对防治组设备正常工作负责，对安全、食宿、用油、用电等相关事情负责，费用机手自理，工资分配严格执行合作社统一制度进行分配；防治资金分配原则：按亩计算。

此模式由片区经理指挥，责任下移，组长负责组员绩效作业、效果导向，自动运行。

四、工作成效

合作社统防统治取得的成绩是在实践中真抓实干，不断创新、研究和总结、实践得来的。例如一个简单的静电喷雾器的喷头堵塞问题，经过实践摸索得到了改进。方法是在原设备二重过滤的基础上，改进为三重过滤法，即取水前过滤、取水后过滤、放水阀过滤，同时，在配置药液前，先对药液配置方法进行试验观察有无沉淀，然后再推广操作。

（一）防治能力快速发展，设备更加先进，服务模式不断完善

短短几年，合作社的防治队伍已经由几十人发展壮大到了几千人，并且统一规范操作要求。不仅做好了地面防治，还具有了飞防能力。服务模式也从单一的代防代治逐步向阶段承包和全程承包发展。尤其全程承包防控服务，注重预防措施和综合防治的应用，防治效果好，成本低，已经得到农民认可。

（二）切实解决了农民防病治虫难的问题

解决了种植大户防治难和技术缺乏的问题，解决了农村因大量青壮年外出务工、缺乏劳动力的难题，同时解决了流行性病虫害"漏治一点，危害一片"的现象，促进传统的分散防治向规模化和

集约化的统防统治转变，提高了防控效果、效率和效益。

(三) 帮助一部分农户创收和脱贫

合作社有长期雇用社员和不定期合作员工，通过合作社的防治工作为他们带来明显收益。2016 年，帮助 11 户家庭脱离贫困，2017 年至今，合作社本着帮助贫困户的原则，在防治队员的选用方面优先考虑贫困户，致力帮助贫困户创收和脱贫。

(四) 降低了农药使用风险

统防统治工作从源头上控制了假冒伪劣农药，杜绝高毒农药在蔬菜、水果上的使用，同时大大减少了农药用量。

(五) 减少污染，保护环境

合作社统一配置药液，并对包装、药液等 100％回收处理，避免随处乱扔造成污染。同时防治前进行水源地、养殖区或敏感区域调查，有效避免产生其他危害。

(六) 内部规范管理，外部扩大宣传，引导统防统治又好又快发展

合作社通过宣传具体效果为引导，让越来越多的农民认可并接受了统防统治，逐步实现整村、整乡推进，最终实现区域间联防联控、区域内统防统治。

统防统治工作的开展是时代的要求，领导重视、群众欢迎、社会受益，也给合作社提出了更新、更高的要求，合作社将不断学习、扎实工作、积极创新，努力推动专业化统防统治工作的进一步发展，推动农业发展方式转变。

开展专业化统防统治
保护生态环境安全
——商河县珍德玉米种植专业合作社

随着社会主义新农村建设不断深入，农业现代化与资源节约、环境保护对农业绿色发展提出了越来越高的要求。病虫害专业化统防统治，就是应用先进的农药机械，采用高效低毒低残留的农药对农作物病虫害进行统一防治，确保农业增收，这是现代化农业发展的必然要求，是保护生态环境安全的重要举措，是国家粮食产量安全、质量安全的重要保证。

商河县珍德玉米种植专业合作社成立于 2011 年 4 月，是经市场监督管理局注册登记的合法性农民专业化病虫害防治组织。自成立以来，合作社按照"民办、民管、民受益"的原则，组织上接受县农业农村局管理，业务上接受县植保站和镇农业技术推广中心技术指导，经过近几年的规范运作，已经建立了完善的社员准入、植保器械管理、财务管理、服务作业有偿收费以及安全用药等制度。现有社员 167 名，拥有背负式电动低量喷杆喷雾机 180 台、背负式喷雾喷粉机 280 台、植保无人机 5 台、自走式喷杆喷雾机 10 台、电动喷杆喷雾机 25 台、小型运输车 10 辆，办公场所及仓库 400 米^2，拥有试验示范基地 3 个。合作社各项规章制度健全，主要开展植保技术咨询、技术技能培训、农作物病虫害防治等业务，病虫害防治日作业能力 1.5 万亩，年病虫害统防统治面积 20 万亩。

合作社严格按照现代农业发展规律的要求，坚持以"预防为本，综合防治"的方针和"公共植保""绿色植保"的发展理念，在施药过程中严格管理，认真执行上级植保部门的指导意见。

一、运作模式

商河县珍德玉米种植专业合作社在县植保站监督指导下开展农作物病虫害统防统治工作，负责农药供给、技术指导、台账记录、农民意见反馈、优惠政策落实等。通过扩大服务范围，深化服务层次，使防治作业服务队成为农资统购、农技信息、植保全程承包服务的窗口。其主要服务模式有代防代治和统防统治两种模式。

代防代治是解决农户季节性、临时性缺少劳力情况，由服务对象自行购药，或直接由机防队购药、施药防治。

统防统治是防治组织与服务对象签订技术服务合同或协议，根据合同约定，负责农作物生产从播种到收获的所有病虫害的防治服务，防治组织做好农户田间的病虫害调查、防治方案、防治药剂、田间作业、防治效果考察等工作。

二、主要做法

一是施药前对所有施药设备进行检查确保器械在施药期间的正常运行。

二是实地查看项目以内的地块，与每个村的负责人讲解"统防统治""一喷三防"的好处，村负责人通过广播传达至每个受益农户。避免受益农户不理解、怕踩踏小麦、不让进地施药，影响施药工期，同时了解每个村麦田范围内机井数量，做好标记确保施药机手人身安全，实现零风险。

三是药液运输车司机必须具有驾驶资格证，保证运输车辆安全。

四是对施药区所需要的水、器械，提前联系好保证顺利施药。

五是对机防队员进行必要的技术、安全、思想教育，认真学习《机防作业制度》《安全用药制度》《机械维修管理制度》《防治服务公约》，机防作业人员坚持操守，开展诚信服务、安全操作、规范服务，同时做好自身防护，减少中毒风险，确保人身安全。

六是搞好后勤保障工作，在项目施药前必须对后勤工作做好安排，对机防队员、药剂师、植保人员的衣、食、住、行、医等给予全方面考虑，认真落实，以充分调动施药队员的积极性。

七是在夏季采用"4+1"模式，即4台喷雾机配备1辆药液运输车，在秋冬季节采用"6+1"模式，即6台喷雾机配备1辆药液运输车，实现资源充分利用。

三、取得成效

（一）农作物病虫害的统防统治变分散防治为集中统一防治，变浪费、污染，为节约、环保，种粮大户高兴，农民满意，基层干部欢迎

农作物病虫害专业化统防统治成效主要有：农药使用量减少，成本降低，污染减少，防治效果、劳动效率、农作物产出效益得到提高，使得粮食生产、生态环境更加安全，农民、防治组织成员得到实惠。

（二）解决了农民防病治虫难的问题，促进了劳动力的转移

该社通过与张迈范、邹马、西排等村签订全程承包病虫害防治合同，有效解决了进城务工农民多，广大农户劳动力缺乏造成的病虫害防治难的问题，让外出务工人员可以放心打工，有效化解了"务工与务农"的矛盾，解除了后顾之忧，促进了农民增收。

（三）增强了安全性，保护了生态环境

实行农作物病虫害统防统治，农户家中可不再储备农药，从源头杜绝了小孩、家禽、家畜误食农药中毒现象的发生。统防统治降低了农田用药总量，并将防治后的农药包装废弃物全部集中回收，避免了随便丢弃现象，减少了农药废弃包装物对农田生态环境的污染。

（四）通过统防统治，化学农药使用量下降 10%，防治成本下降 20%；高效、低毒、低残留农药使用覆盖率达 100%，病虫防治效果 90%以上，可实现每亩节约成本 14 元

合作社自 2015 年开始进行农作物病虫害统防统治工作，2015年承担小麦防治任务 2.3 万亩。2016 年合作社防治队承担小麦防治任务 2.7 万亩，玉米防治任务自行承包 1.8 万亩，蔬菜防治任务 500 亩。2017 年承包了沙河镇 12 个村 1.24 万亩小麦、玉米的病虫害的防治，并为其他服务组织代防小麦穗期病虫害，代防治面积 5.56 万亩。2018 年 4 月承包沙河镇镇域范围内 7.25 万亩小麦赤霉病的防治。2019 年累计开展作业服务 10.12 万亩，其中全承包防治 4 600 亩，用药次数 6 次，代防治面积 7.36 万亩。2020 年承担了商河县小麦穗期病虫害统防统治项目沙河镇 7.79 万亩以及承担小麦病虫害全程绿色防控示范建设项目 5 万亩。通过统防统治服务，亩均减少用药次数 1.8 次，减少用工 1.2 个，防治效果增加 15 个百分点。

四、成功经验

（一）坚持政府引导，与植保部门密切合作，聘请植保技术专家，开展田间试验，优选药剂组合方案，确保防治效果到位

目前农作物病虫害发生越来越严重，抗性越来越强，搞好专业化统防统治，防治药剂的选择是关键。合作社针对农作物病虫害发生情况，进行了大量的田间药效试验，筛选出防治病虫效果较好的药剂，再制定出适宜的综合防治方案。合作社针对每一个方案，都会设计一定面积的试验示范田，保证每次药剂的防治效果精确到位。合作社聘请商河县植保站技术人员为技术顾问，每次防治药剂组合方案都与他们详细讨论后再制定实行，并且还依托镇农技站从基层聘请的 4 名农业技术指导员，长期在田间地头观察虫情、病情，进行技术指导。

（二）加强宣传活动，举办各种专业化统防统治培训班和现场会，提高服务站站长、机防手、农民的专业化统防统治意识和植保技术水平

作为山东省新型职业农民乡村振兴示范站，合作社积极开展农民教育培训推广工作，引导农民农业专业化意识。专业化统防统治不是单纯的组织农民施药，农作物生长和病虫防治涉及的问题包罗万象。为此，合作社与农业农村局配合对服务站站长和机防手开展了服务意识、管理栽培、病虫害防治、机动喷雾器的使用等全方位的培训。同时每次统一施药前由植保技术人员对服务站站长、机防手讲解本次病虫防治的技术重点、注意事项。通过培训让服务站站长和机防手系统地掌握农作物栽培和病虫防治知识，施药过程做到认真负责，遇到农民提出的问题又能耐心解答和处理，大大减轻了合作社技术人员的压力。提高服务站站长、机防手、农民的专业化统防统治意识和植保技术水平，推动专业化病虫害统防统治的发展。

（三）规范组织运营，建章立制，规范管理，明确承包户、机防手、服务站站长、合作社的责任与权利

合作社制定了《专业化统防统治服务站站长聘用合同书》《病虫专业化防治队章程》《安全用药技术操作规程》《病虫专业化防治收费标准》《损失赔偿标准》等规章制度，并悬挂于专业化防治服务站的墙壁上。这样不但使合作社的各项管理工作有章可循，而且有利于社会对合作社和机防手进行监督约束，有利于塑造合作社在人民群众中的良好形象。

五、存在的问题及建议

植保专业化统防统治是农作物病虫害防治的有效途径，是促进现代农业发展的重要载体，对有效防控重大病虫灾害，保障农产品安全，有效解决农村劳动力大量进城务工后防病治虫难的问题，对粮食安全生产具有重要的意义。但在沙河镇及周边乡镇除小麦"一喷三防"全覆盖外，其他农作物用药在统防统治工作中还存在工作面不广、全程承包防治规模不大、抵御暴发性虫害和流行性病虫害的风险能力低等问题。

　　针对这些问题，需要认真总结经验，加强宣传扩大影响，壮大规模，按照市场化运作模式搞好统防统治。加强自身业务技术学习，加大对机防人员的培训力度，提高防治效果及服务功能，同时建议各级政府加大对统防统治服务组织的财政补贴力度，提高服务组织在农作物病虫害统防统治工作中的作业能力。

科技助力　规模服务
扎实做好统防统治
——济南市章丘区金通元农机专业合作社

济南市章丘区金通元农机专业合作社成立于 2011 年 12 月，地处济南市章丘区高官寨街道办事处驻地，现有成员 314 人，其中农民成员 313 人，出资总额 801.4 万元。主要经营范围是为农业生产提供农机作业服务、作物植保防治、组织采购供应农资以及技术培训服务。

一、加强民主管理，完善经营制度

合作社根据《农民专业合作社法》和《合作社章程》，按照"自主经营、独立核算、自负盈亏"和"民办、民管、民受益"的原则，建立了理监事会、成员大会组织机构，制定了资产财务管理、社员盈余分配、民主议事决策、经营管理、社务公开、安全生产、农机管理、技术培训等 26 项管理制度。配备专职会计和出纳员 2 人，严格执行合作社财务制度，对合作社资产、成员出资、公积金量化、交易量（额）及盈余返还等进行实时记载记账和归档管理，按期核算合作社的收入、成本、盈余，按规定进行盈余返还。

二、树立服务理念，提升服务功能

农业生产长期以来实行一家一户分散种植经营模式，严重制约农业机械化发展，面对此现状，合作社开辟了"以合作社为平台、以农机服务为主导、以服务农民为己任"的服务模式，坚持"服务、创新、发展"理念，以"全程高效、规模服务"为重点，以农机科技进步为助力，增强服务实力，提升服务功能，提高服务水平，运用科技助力，提高现代化农业技术应用，提出"农民外出打工，合作社为农民打工"口号，既帮助解决小农户一家一户"种地难"，又帮助土地承包大户解决"种地贵"，使合作社在服务中不断求生存、求创新、求发展。合作社从建社初期的 7 人、几台农机做起，发展到成员 300 余人，通过合作社自购，整合成员农机设备，目前拥有各种大型小麦、玉米联合收割机、深松旋耕拖拉机、播种机、喷灌机、打药机、无人植保喷药飞机、农用运输车等农业机械 260 台（套）。合作社设立 6 个农机耕种收服务队和统防统治植保服务队，建立了农机维修队、市场信息服务部、农民培训室、财务部，建有 260 米² 农民培训室，820 米² 农机车库，固定资产总额达到 768.24 万元。

合作社坚持作业保障质量、服务及时周到、价格稳定合理"服务三原则"，实现了从施肥、耕地、播种、喷灌、防治到收获配套作业。农忙季节前，服务队派出专人走村串户、了解农时，掌握作物收种时间和农机需求状况，做到心中有数，农户对农机作业需求有求必应。作业中发现作业质量问题及时整改。对土地承包大户实行"统一施肥、统一耕种、统一防治、统一收获"托管服务；对中小农户实行提前预约、及时服务。为降低生产成本，对能连片作业的深松旋耕整地、病虫害防治等服务环节，主动与农户协商跨界连片作业，作业费实行优惠分摊，每亩节约 85 元。由于信誉好，机具先进，作业质量高，农户信任合作社，作业面积不断扩大，合作社成员机手年收入高于非成员的 30％以上，一些个体的农机手也要求加入合作社统一管理，使合作社作业能力不断增强。

在农机服务工作中合作社与高官寨 11 个村开展党建带社建、社村共建，合作社利用农机作业、统防统治、农资供应、技术培训优势，整合土地资源、带动农户发展，开展"合作社＋村两委＋农资供应商＋农户"一体化运营机制，实现全程服务，许多农户愿意把土地交给合作社托管，服务农户的农药、种子、肥料配送率达到

90％以上，带动农户 1 560 户。近年来，合作社多次参加农业社会化服务项目，服务面积 16 万亩，在各项目实施中精心组织、严格标准，保证了项目顺利开展。合作社增强了凝聚力、锻炼了队伍。在农机服务中对贫困户进行重点帮扶，精准扶贫，帮助其尽快脱贫。

三、注重植保防控，开展专业化统防统治

植保防控是促进农业生产实现增产增收的重要环节。合作社针对农民外出打工多，农业劳力少，土地分散程度高，一家一户防治时间长、效果差等实际情况，积极建设专业化统防统治防控队伍，开展专业化统防统治服务。

（一）开展植保防控技术培训

合作社在能容纳百人的农民培训室，配备了电脑、投影、音响等教学设备。注重提高自身技术水平，培训农技植保员 3 人，拖拉机、收割机农机驾驶员 26 人，植保无人机操作员 12 人。通过传帮带学有效提高了合作社农机科技管理水平。注重提高农民种植管理技术水平，通过在课堂授课，到村、到田进行科技培训等方式，邀请农业农村局技术人员对社员在农机作业、种植管理技术、病虫害防治、精准配方施肥、经营管理等方面开展培训，先后举办培训班12 期，培训农民 1 420 人次。

（二）配备专业化防治器械

为适应现代农业生产，提高生产效率，随着农业机械科技进步，合作社在农机购置中，以科技引领，逐步提升，喷雾机由普通电动单喷式升级为 4 米 8 喷宽幅电动喷雾器，飞防植保机由燃油动力单浆 5 升升级为天途电动 6 翼 5 升和大疆 T20。按照"统一调度使用、统一质量标准，统一药品采购、统一作业价格"的"四统一"管理模式，整合成员植保防治设备。目前拥有各类大中小型专

业化防治器械设备 150 余套，其中大型拉杆式机动喷雾机 14 台、植保无人机 30 架，机动喷雾机、电动宽幅背负式喷雾机 100 余台，统防统治服务面积达到 22.6 万亩。

（三）组建专业化防控队伍

合作社组建了 55 人的专业化防控队伍。合作社统一制定管理制度，实行"五定五统一"，即定工作职责、定防治任务、定防治对象、定防治效果、定风险责任，统一组织、统一测报、统一配方、统一供药、统一防治。在组织上划分作业小组，分配作业区域。为了确保施药安全性，合作社对农药集中采购、集中管理、集中使用、集中回收包装。合作社与农户签订防治合同，同时与防治机手签订服务合同，明确工作责任，把防治效果、作业面积与工资挂钩，提高了机手工作责任意识。2020 年面对新冠疫情，展现责任与担当。疫情就是命令，防控就是责任。合作社迎难而上，敢于担当，迅速投入到疫情防控阻击战中，利用植保施药装备，配合当地政府，使用无人机、自走喷雾机、背负喷雾机，奋战在村居街道、社区消毒第一线，先后在高官寨 11 个村的街道、社区进行无缝隙免费义务消毒。

合作社在加强专业化防控队伍的建设中，增强服务意识，提升服务功能。在农作物病虫害统防统治中变分散防治为集中防治，变被动防治为主动防治。从病虫调查、农药采购配伍、实施防治，以村为单位的整建制群防群治、统防统治，取得明显的成效。2020 年在小麦条锈病集中防控中，5 天时间飞防喷药面积 3.3 万亩，按时完成了任务。减少了农药用量、降低了农药成本、提高了作业效率、降低了农民劳动强度，有效控制了病虫害扩散，保障了粮食安全和增产增收。

四、加强机手管理，确保安全作业

合作社始终把安全生产放在作业首位，加强文明安全作业的教育。由于农机作业季节性强，农机手都是兼职作业，农闲时聘请技术人员对农机手进行技术培训，学习安全操作规程和专业技术，提高安全防范意识和施药水平，增强车辆维修保养、故障排除能力。农忙时做好车辆调试，防止带病驾驶作业。对每个农机手严格要求，制定了《农机作业文明服务公约》《农机作业操作程序规范》，与机手签订《安全作业合同书》，明确责任不开带病车、不酒后驾驶，不吃农户宴请。按照诚信经营、优质服务理念，实行"五统一、一核算"的经营管理，即统一订单作业、统一协调农机、统一质量标准、统一后勤保障、统一收费标准，实行单车（机）核算。在统防统治中制定了《合作社专业化防控作业质量管理制度》。为从事防控人员购买了意外伤害险，增强了机手责任心，未发生防治效果不达标、农药药害、人畜中毒事件，从而保障了合作社农机作业安全和作业质量。

合作社靠科技助力，夯实服务实力，提升服务功能，开展社会化规模服务，合作社成员不断增加，服务面积不断扩大，实现了文明作业、安全服务，得到了广大农户的认可，为现代农业增效、乡村振兴、农民增收做出了贡献，成为党和政府看得到、抓得着、用得上的一支为农服务力量。

近年来，合作社获得多项荣誉和表彰。2015 年 8 月荣获山东省农民合作社示范社称号；2017 年 5 月荣获中华全国供销总社农民专业合作社示范社称号；2019 年 9 月被山东省农业农村厅评为农业生产性服务示范组织；2020 年 12 月被中国农业农技推广协会认定为全国统防统治星级服务组织。

智能精准植保　高效服务万农

——山东鸟人航空科技有限公司

一、公司简介

山东鸟人航空科技有限公司位于济南市高新技术产业开发区，公司立志发展成为国内规模化无人机研发制造企业，致力于工业级无人机解决方案和飞行控制系统的研发、制造、集成、应用及服务。

公司自成立以来，一直将"高效农业植保"作为核心业务和重要发展方向，并与中国农业机械化研究院、北京航空航天大学、南昌航空航天大学等多家单位合作，着力推广农业机械信息化云管理系统平台实际应用，积极探索无人机的规模化、集约化、可快速推广的新型产业模式，近几年取得了重大突破。

公司在 2019 年 12 月被中国农业技术推广协会认定为首批全国统防统治星级服务组织，2020 年 7 月被认定为国家级高新技术企业。公司已与业内的多个顶尖单位成为战略合作伙伴，其主营产品涵盖了农业植保、航拍航测、环境监测、科学实验室等领域，在国内的无人机行业具有广泛影响。

二、大力推行统防统治改善传统农业管理模式

（一）科技创新，不断改进升级无人机设备

公司立足农业生产实际，面向市场，不断开发新的机型设备，让无人机更加智能化简捷化，真正进入千家万户，让每位农民都能

熟练使用。公司推出的"麒麟"系列植保无人机，至今已在东北、山东、新疆、河南、湖南、四川等地累积服务总作业面积达百万余亩，在产品的稳定性、实用性、效益性等多方面受到了市场及用户的广泛认可。

（二）成立各地区级服务站，统防统治面积不断扩大

为解决公司在各县市的统防统治作业联络和协调欠缺的问题，公司依托无人机的销售商、无人机用户、在本地区有较强影响力的种植大户、农资经营店，先后建立了 22 个"山东鸟人航空科技有限公司 5S 服务站"，由服务站在所服务区域范围内选择推荐具备一定农业机械操作能力的农机手 2～3 名，进行统一培训后，组成所在区域的统防统治服务分队，在统防统治作业期间本着"区域服务为主，域外服务为辅"的原则由公司统一调配作业，一定程度上解决了作业机手不足和机手难以长期保留的困境。

（三）加强作业机手培训，规范统防统治管理

制定了统防统治组织架构、作业安全操作规程、作业人员管理规定、农药管理制度、施药器械管理制度等一套规范的管理制度，服务前签订作业协议，明确责权利及服务内容、措施和方案，服务完成后签订服务确认单，明确服务质量和效果，使统防统治工作达到安全、规范、高效、可复制。

公司在每次的统防统治作业前均要对作业机手进行当次作业技术、作业注意事项及安全培训，每年冬季集中对服务站站长和机手开展一次业务指导交流与农业技术、农机维修服务培训，综合提高机手的专业技术知识和能力，为保证统防统治作业达到规范、标准和可复制提供技术储备。

（四）精准科学施药，全程植保服务到位

通过专业化、规范化对症、适时、适量施药，在准确诊断病虫害并明确其抗药性水平的基础上，配方选药，对症用药，根据植保

监测预报，坚持以"预防为主，综合防治"的植保防治理念为指导，适期达标防治，避免盲目加大施用剂量和盲目增加使用次数，综合农药使用量减少 16.5％以上，防效平均达到 85％以上。

公司积极为服务对象提供全程统防统治植保作业和技术服务与指导，安排专职技术人员和车辆，在各级农业农村局植保站的指导下，定期调查作物生长、病虫害发生趋势等，提供规范和科学的防治方案，为统防统治工作开展提供技术支撑。

在市县农业部门的大力支持下，公司通过科学的示范、试验，以增加农户收入为服务目标，以"减量控害、节本增效、降低面源污染"的社会效益优先原则，按照严格、规范的服务标准开展统防统治服务，取得了科学、高效的服务成效。

（五）安全环保生产，降成本增效益

严格把好农药使用的各个关卡，保证农药安全使用。对农药包装物实行集中回收处理，避免了污染环境。规范化的施药也降低了农药残留量，减轻了农药对环境的污染。

通过应用新型植保机械，减少了在配药、施药环节的跑、冒、滴、漏，减少了农药的流失与浪费。经测算，统防统治全程管理下的种植户在植保防治环节的种植成本平均降低 18.2％以上。

（六）互联网＋农业，严格统防统治质量

公司自主研发"无人机植保监管平台"主要用于对农用无人机植保作业情况进行实时记录，作业数据存储，作业轨迹、流量、面积等数据显示，作业数据统计。本系统通过物联网技术，使用终端硬件模块实时收集并记录每台无人机的作业轨迹 GPS 数据、喷洒药量数据、作业面积等数据，并将数据实时发送到服务器进行数据存储、数据分析，最终将其实时显示在客户端。系统可存储每架无人机的型号、喷幅、生产厂家、负责人、飞机编号等详细信息以及每天、每架次飞行作业的数据，以达到方便管理，精准喷洒的目的。

三、履行社会责任，不断创新农业管理新模式

农业是人类社会赖以生存的基本生活资料的来源，是社会分工和国民经济其他部门成为独立的生产部门的前提和进一步发展的基础，也是一切非生产部门存在和发展的基础。国民经济其他部门发展的规模和速度，都要受到农业生产力发展水平和农业劳动生产率高低的制约。

发展农业至关重要，作为一家农业服务型企业，要肩负起这个责任，在生产服务过程中不仅要保证农作物的产量，满足自己的盈利需求，更要注重保护自然环境，大力发展更生态、更智能的农业环境；要把农民利益放在第一位，把带动农民发展作为己任；要保障食品安全，把维护消费者的健康安全作为生产和加工农产品的标准，按规生产，接受监督，为智慧农业做出应有的贡献。

创新管理模式 探索作业新模式
——青岛市大志达濠农机专业合作社

一、发展情况

青岛大志达濠农机专业合作社于 2014 年 5 月注册成立，注册资金 369 万元，占地面积 3 000 米^2，建筑面积 400 米^2，其中农资库 200 米^2、农机库 700 米^2、维修车间 200 米^2、办公室 120 米^2，拥有植保无人机 10 架，四驱自走式喷杆喷雾机 5 台，大型拖拉机、玉米联合收割机、小麦联合收割机等大型机械 194 台，免耕播种机、深松整地机、灌溉机械等机具 260 套。大型农机具从开始的 7 台增加到 194 台，社员从最初的 6 人增加到 132 人，生产足迹遍布胶州市，年作业面积达 20 万亩，2018 年先后被评为青岛市级全程机械化示范社和省级全程机械化示范社。合作社加强规范化管理，引进农机化新装备，推广应用农机化新技术，强化农机社会化服务能力，不断拓展农机社会化服务领域，连续多年承担市级全程机械化示范区建设和示范基地项目，大力推广高效植保机械化新技术、新装备，在重大病虫害和疫情防控中发挥了重要作用，取得了良好的经济、社会和生态效益，2019 年经营服务总收入高达 120 万元，合作社各项建设都走在了全市的前列。

二、实施统防统治作业情况

经过 6 年的发展，青岛大志达濠农机专业合作社围绕绿色防控的要求，按照"减量控害、节本增效、绿色生态、科学防治"的目标，购置先进、绿色植保机具，开展绿色机械化施药技术培训，提升施药人员的综合素质，探索出了病虫害统防统治的作业新模式，作业范围已覆盖多个乡镇，实施统防统治作业面积 5 万亩，为胶州市病虫害统防统治和重大疫情的防控做出了贡献，并取得了显著成绩。

（一）规模化作业

合作社把会员乃至周边农户的耕地集中起来，实行代耕代种，统一采购药品，统一病虫害防治，实行农作物全程机械化作业，解决小农户病虫害防治用药量过多，防治不规范的问题，向规模化、专业化要效益，不断提升全程机械化作业效率和效益，实现了规模种植，统一和分散管理兼顾，利益分配方式不变的目标。

（二）确定管理区域

合作社创新管理模式，划分管理区块，以 300～400 亩为一个管理区域，确定一位农机手负责管理区内机械化植保等作业任务，再由他们在本区域发展新会员，并签订机械化植保等作业服务合同，形成全程机械化作业模式，实行统一组织分别运作。

（三）实行四个统一

为确保统防统治质量、作业效率，避免恶性压价竞争，在区域规划的基础上，在签约专家的指导下，根据病虫预报，依托合作社实行了四个统一，即统一调配机具、统一作业标准、统一化肥和农药、统一收费标准。

（四）加强技术培训，提高技术素质

合作社利用农闲时间对社员进行培训，主要开展农作物生产全程机械化技术、病虫害防治高效植保机械化技术、农药选用技术等培训，提高了社员和机手操作技能和综合素质，培育了一大批"学科技，用科技"的新型农民。

2019 年，大志达濠农机合作社承接胶州市绿色高产创建项目，组织专业的飞防作业队，制定区域内的实施方案，确定采用药剂和先进的施药技术，按照病虫害预报，统一供药、统一配方、统一防治，整村整镇推进，实行全覆盖，组织社员调配 7 架无人机开展病虫害防治的飞防作业，作业范围覆盖铺集镇、里岔镇、胶莱镇、胶西镇共 4 个乡镇，完成小麦、玉米、马铃薯统防统治 2 万亩作业任务，对小麦条锈病、玉米草地贪夜蛾、马铃薯晚疫病进行了有效防治。

2020 年，大志达濠农机合作社与铺集镇农业办公室签订铺集镇 2020 年统防统治服务合同，为铺集前关庄、东安等共计 25 个村进行包括 5 000 亩马铃薯防治作业、1 万亩小麦的统防统治作业。至此，大志达濠农机合作社已完成政府统防统治植保作业 5 万余亩，积累了丰富的作业经验和作业办法。

三、农药包装废弃物回收处置的做法

农药包装废弃物回收处置是一项系统工程，它涉及农药生产经营者，更涉及农村千家万户。农药包装废弃物不但有碍观瞻，给人畜带来安全风险，还是农业面源污染的重要来源。为保护绿水青山的生态环境，保障公众健康，促进生态文明建设，解决农业的面源污染问题，大志达濠农机合作社配合胶州市农业农村局积极开展农药包装废弃物回收处理工作。具体做法如下：

一是作业前强调。每次统防统治集中作业前，组织全部机手在了解作业标准与要求的同事，强调农药包装废弃物回收数量也作为作业完成量考核的一部分，要求作业完成后机手必须将包装废弃物带回指定地点，将按照包装数量核算用药数量。

二是作业中抽查。统防统治作业开始后，由合作社组织专门的检查小组，不定时地对各作业队进行检查，其中包括农药包装废弃物的回收情况，对不合格的作业队伍进行通报批评并扣除相应作业费。

三是作业后统一处置。统防统治作业后，由合作社的社员将按照药品分类的农药包装废弃物统一清点做好记录，同时运送到胶州市农业农村局指定的废弃物处理场所，进行农药包装废弃物的处理。

通过有效的措施和严格的管理，合作社社员环保意识明显增强，绿色生产、文明生产已蔚然成风，大家都很自觉地将施药后的农药包装废弃物按照合作社的要求处理，杜绝了随手乱扔的现象。

内外联动　积极作为
打造高标准农业社会化服务组织
——青岛市丰诺农化有限公司

　　为进一步贯彻落实农业农村部《新型农业经营主体和服务主体高质量发展规划（2020—2022 年)》中"推动农业社会化服务组织多元融合发展"的有关要求，加快培育农业社会化服务组织，在政府的主导下，青岛丰诺农化有限公司内外交叉联动多个领域的主体，整合全方位资源，为农户农作物生产的产前、产中、产后提供多层次服务，努力打造高标准社会化服务组织，帮助农户解决农作物产供销各种难点、痛点、堵点，促进小农户和现代农业发展有机衔接，为当地农业经济发展、区域乡村振兴发展注入新的活力。青岛丰诺农化有限公司坚持以中央一号文件精神为指引，坚定不移地响应乡村振兴战略，逐渐搭建起以"综合农事服务中心＋合作社＋高校＋家庭农场＋金融机构＋企业"为联合体的高效为民服务平台，形成"内外联动、积极作为，打造高标准农业社会化服务组织"的丰诺模式。

一、公司概况

　　青岛丰诺农化有限公司运行开始于 1999 年，成立于 2002 年 4 月。20 年来，公司谨遵"丰有望、诺必行"的宗旨，在政府的指导帮助下，先后成立 1 家公司、3 家合作社、5 个家庭农场、5 个综合农事服务中心、3 个内部直营店，集内外多方资源于一体，搭建起丰诺农事综合服务平台，为农民朋友提供应有尽有的贴心服务。此外，公司在自身发展的过程中，始终不忘反馈社会，成立 2

个农民培训学校、2个农药残留快速检测室,积极履行社会责任。经过20年的发展,公司从最早单一的农资销售企业,发展到集金融服务、农民培训、技术咨询、土地托管、农资配送、农机服务、劳务派遣、农品购销等多功能综合性农业企业。

截至2019年年底,公司年收入达5 807万元,固定资产达1 190万元,土地流转4 700亩、管家式土地托管1 500亩,累计实施专业化社会化服务面积达到130万亩,服务范围覆盖全市7个镇街,服务农户3万余户,提供180余个工作岗位,带动农民年均增收8千元。公司曾多次获得"山东省消费者满意单位""山东省优秀农资诚信企业"等荣誉称号,公司旗下丰诺植保专业合作社被认定为国家级示范社。

二、典型做法

丰诺公司联结"三外三内"六大主体,以政府为主导的外部主体和以丰诺合作社为主导的内部主体,发挥内部优势,整合外部资源,搭建起以"综合农事服务中心+合作社+高校+家庭农场+金融机构+企业"为联合体的高效为民服务平台,带动更多小农户增产增收。

(一)紧跟政府引导,搭建综合农事服务中心,为农户提供全方位服务

山东省政府为打通为农服务"最后一公里",发挥农业服务主体自身的优势和功能,构建多元化、多层次的服务供给体系,形成农业服务的一条良性循环链,引导企业打造集农机新机具新技术推广应用、农机社会化服务、农资产品展示展销、农机农技信息发布、农机维修保养存放、人员培训管理等于一体的农机、农艺、农信融合应用的综合性平台。青岛丰诺农化有限公司深耕农业20年,成立至今积极响应政府指引和号召,及时了解政府政策,迅速将其内化为自身行为准则,并积极向农户传达,利用资源优势打造高标

准的社会化服务组织，为区域经济发展注入新活力。目前，青岛丰诺农化有限公司已经在水集街道、沽河街道、日庄镇、马连庄镇、姜山镇等成立 5 个综合农事服务中心，总共覆盖 15 000 多个农户，主要为农户提供托管、金融保险、科研力量等服务，利用政府平台、国家政策和资金来达到支农、助农、富农的目的。

（二）借力金融机构，发挥金融支农、助农作用

青岛丰诺农化有限公司积极与中国邮政储蓄银行、中国农业银行等金融机构开展战略合作，将金融机构产品信息准确、及时地传达给每个农户。一是宣传农业保险知识，帮助农户购买农业保险以缓冲非正常损失；二是为农户提供担保，农户向银行贷款以解决资金短缺问题，丰诺公司在农业供应链金融中发挥核心企业的作用，由中国邮储银行对丰诺公司授信，丰诺公司为其上下游企业提供担保，在一定程度上缓解了农户资金困难问题。截至 2019 年年底，丰诺公司已帮助 300 家农户办理涉农贷款达 1 000 万元，帮助 1 200 家农户购买农业保险。

（三）合作社＋农场——保耕助农促丰收，标准管理提品质

一是为农户提供土地托管服务。主要为农户提供包括但不限于测土配方、农资配送、农机服务、技术咨询等服务。首先，对大田作物提供全程保姆式托管服务，按照我列单、你点单的模式，为农户提供自主选择的服务，按亩保底支付粮食或者折算成粮油现金。其次，对经济作物提供全程管家式托管服务，按照"管理量身定制"模式，为农户提供病虫害防治、数据管理、技术培训等服务。

二是为农户提供农民培训服务。公司每年都安排人员参加莱西市农机局举办的各项机械作业技术培训班，先后 6 次派技术负责人到外地和大专院校参观学习，共举办农机维修、小麦精播技术、小麦病虫害防治技术培训班 4 次，举办玉米收割技术、玉米秸秆还田培训班 2 次，共培训农民技术员 220 人次，现场培训农机手 55 人次。2012 年公司创建了莱西市第一所农民学校，随后陆续在 6 家

直营店建立了农民田间学校，先后开办农业技术培训班 300 多期，参训人员达 2 万多人次。

三是为农户提供示范基地服务。公司依托艳子家庭农场、丰霖庭艳家庭农场、五谷丰登家庭农场、金鸽岭家庭农场、粮果优丰家庭农场打造农产品生产种植示范基地，农场通过规模化种植，注重加强内部管理，从农药的使用、果园施肥、土壤的修复保护，以及果品的采摘、储运、销售等，都实施了严控措施，实行规范化管理，并配备了农残检测设备和专职检测人员，以确保产品质量过硬。

（四）创新劳务派遣，实现劳动力转移，解决劳动力供需矛盾

青岛丰诺农化有限公司为帮助农户增加收入、创造更多就业机会、解决劳动力供求失衡问题，拟成立新型职业农民专业合作社（劳动力合作社），加入合作社后土地有租金，务工得薪金，年终还可以分得劳动力入股的红利。新型职业农民专业合作社充分发挥其内外联动和资源整合能力，搭建农村劳务公共平台，利用专业合作社的力量调动劳动力资源、技术资源，为本社社员、农户等提供劳务咨询服务、农业劳务用工服务、劳务用工信息收集及发布等服务，每年可为每人提供 3 次派遣机会。合作社以青岛丰诺农化服务有限公司为纽带，积极为农民寻找作业机会，发挥劳动力集散中心的作用，既解决了就业问题，也提高了经济收入，预计每年增收 2 万元。为进一步提升合作社凝聚力并对不同能力的社员进行分级，新型职业农民专业合作社（劳动力合作社）定期开展考核培训，对考核达标的社员授予相应证书，在安排工作时根据不同的层次分级提供精准的工作岗位，大大加强企业和社员之间的契合度，为农民谋取更多的机会与利益。

（五）依托科研力量，丰富专业知识，提高生产专业化

丰诺公司积极与青岛农业科学院、烟台农业科学院、山东农业大学、青岛农业大学、果品研究所等达成长期战略合作关系，多年来邀请山东农业大学翟衡教授、青岛农业大学王成荣教授等来莱西

当地进行授课达 60 余次，培养了农产品加工、土地流转等多类专业人才，为本地农业生产提供专业的技术指导，在有效降低成本的同时增产增收。而高校在与丰诺公司的合作过程中，也能帮助学生更好地融入社会，通过教学与产业相结合的方式，储备更多农业方面的专业人才。

（六）政企强强联合，"政府＋丰诺＋顺丰"，解决区域农产品销售问题

2019 年 8 月 28 日，青岛丰诺农化有限公司与政府、顺丰成立顺联达公司，以一站式的标准化流程提供运、储、销全方位服务，包括果品仓储、预冷、果品分级、包装、订单处理、包装、仓/冷库租赁以及进出口业务。青岛顺联达农业科技有限公司致力于打造智慧化鲜农产品产地预处理中心，建立数据模型融合新一代 IT 技术实现智能管理，投入移动冷库、果蔬分选（重量分级、瑕疵分选、糖度分级、木质酸病检测）等设备，提高果品品质，降低人工成本，最大限度地利用资源。经过初期发展，顺联达充分利用莱西当地的农业条件，发挥顺丰快递在行业内的优势，并植入可追溯体系、一件代发、大数据平台等软件系统，真正实现农业＋快递＋科技的运营模式。目前，年处理量可达 7 500 吨，其中苹果 1 800 吨、秋月梨 1 800 吨、小甜瓜 900 吨以及冬桃 900 吨等。

三、服务特点

（一）系统化，产前产中产后全覆盖

丰诺公司始终以"带动更多小农户与现代农业精准高速对接"为目标，打通粮食产前、产中、产后，为农业生产提供系统化的服务。在产前，公司积极连接农户与金融机构，为农户提供担保以获得贷款，引导农户购买农业保险以对冲非正常损失；此外，公司为农户提供种子、农药、化肥和农机具等物资。在生产中，公司依托"土专家"和高校、科研院所的力量，为农户进行技术咨询与培训；

公司的植保技术服务、农机技术服务可为农户提供田间管理服务，帮助其利用科学方法施肥施药，节省成本、降低污染的同时提高农作物产量、质量。在产后，为农户提供储藏、品控、包装、销售、溯源等数字化服务，从根本上帮助农户节约费用，解决仓储难、卖粮难问题，保障优质粮食安全。

（二）精细化，全流程严控规范生产

精细化农业是指以市场需求为导向，生产有竞争能力的高技术、高档次、高品质、高产量、高效率、高收益的农产品及其加工品的现代化的多功能农业产业经营体系。公司通过多年的摸索与积淀形成了一套完整的农作物生产技术标准，如无公害鲜食葡萄、无公害夏直播玉米、莱西市小麦等生产技术规程，对不同农作物整理编写相应的种植手册，其中涵盖了园地选择环境条件、种植要求、土肥水管理内容、病虫害防治原则，对种植过程中的各项细节、操作规程和具体操作时间形成了学习资料并装订成册，有效提升了农业产品品质，增加了农户收入，实现高水平生产、标准化加工、高效率经营。

（三）专业化，多领域提供针对服务

公司始终秉持"专业人干专业事"的原则，不断地在发展过程中积累经验，培养大批专业人才，在选种育种、农机操作、保养与维修、农技农艺结合、电子商务等方面均选聘专业水平人才，服务于农业生产的全过程。经过多年的沉淀，公司已经打造了一批又一批专业农机手、农技手、农艺手，截至目前，拥有高级农艺师 8 名，并紧跟潮流成立专门的电子商务运营团队帮助农产品销售。专业化生产促进专业领域研究，在农业生产过程中充分利用自然、人力、物力资源，最大限度降低种植经营风险，提高劳动生产率。降低生产成本，提高品质并形成规模效益。

（四）智慧化，大数据打造智能平台

智慧农业依托现代信息技术通过对农业生产环境的智能感知和

数据分析，实现农业生产的精准化管理和可视化诊断，是农业发展的高级形态，对变革农业生产方式意义重大。青岛丰诺公司与青岛顺联达农业科技有限公司深度合作，数据互通共享，积极发展智慧农业新模式，围绕农业生产全产业链各个环节转型升级，提升资源的高效配置，为传统农业提供更加准确的管理与全方位的信息服务。青岛顺联达农业科技有限公司打造一站式运、储、销全方位智慧服务平台，对各环节实施标准化、数字化管理，农作物采集、仓储、运输、分级、包装等流程实现了智能运作，依托产品上附有的ID编码，植入可追溯体系、一件代发、大数据平台等软件系统，顺联达还可以通过最终果品分级的数据为农户提供战略分析，解决生产过程中的管理问题。

（五）品牌化，高标准提升产品价值

顺联达电子商务的一个重要特征就是商品的品牌化和标准化。其依托于创新型技术将包装标准技术和模块化、单元化的逻辑关系建立数据模型，融合新一代IT技术实现智能管理，最大限度提升品控、提高效率、利用资源，并以"绿色畅享"品牌为翅膀，冷链技术为支撑，产品ID为溯源标识，载以莱西市甜瓜、土豆、秋月梨、平安果、西红柿、克瑞森葡萄、胡萝卜等特色农产品，销往市场，打造"绿色畅享"的品牌效用。据统计，2019年以"绿色畅享"商标统一销售农产品1.2万吨，收益达2 000万元。

（六）标准化，贯穿技术、产品、服务和种植

公司坚持"统一、简化、协调、选优"原则，通过为农业活动制定标准，把农业产前、产中、产后各个环节纳入标准生产和标准管理的轨道，依托先进的科学技术和成熟的经验形成了四个标准化，涵盖技术、产品、服务和种植。第一是技术标准化，公司技术团队将多年的科学种植经验技术编写成册，农业生产各环节使用统一技术标准；第二是产品标准化，针对不同作物，将产品配套打包，为农户提供标准化套餐产品，省去农户时间、精力，有效降低

农户种植成本；第三是服务标准化，技术人员在下乡提供技术指导时，在语言、衣着、礼仪、车辆等方面都实施标准化；第四是种植标准化，公司在农户种植的全流程做详细记录，农户按标准做好"听"和"干"两个环节，公司与农户一起种好地，达到高产、优质、高效的目的。

四、抗疫特写

丰诺公司在自身发展的同时，也不忘积极回馈社会，尤其是2020年初春暴发的新冠疫情，使得农产品供销两端均受到严重打击。公司在疫情期间积极承担社会责任，为当地农户保安全、保春耕、保产量、保民心。

（一）病毒消杀保安全

新冠疫情发生后，面对严峻防疫形势，青岛丰诺农化有限公司飞防队联合青岛老段农机专业合作社主动请战，为政府分忧。分别为日庄镇、姜山镇及沽河街道办事处各村进行了免费专业义务消毒。在组织飞防队员参与疫情防控工作时，也加倍重视员工自身安全防护的严格管理和强化培训，严格落实对执行任务者的防护措施，坚决做到防护措施不到位的绝不上岗、防护培训不合格的绝不上岗。自2020年1月29日以来，共调动7架无人机、6辆运输服务车、3台凝雾机、15个无人机飞手及作业者，分别在四个乡镇街道办对41个村庄进行无人机或凝雾机喷洒84消毒液，喷洒面积超过700万米²，按照政府统一安排，积极对接社区和村委负责人进行飞防消毒，合计消毒面积1万余亩。

（二）农资农机保春耕

在大力做好疫情防控的同时，不误农时，保证农业生产工作顺利开展，就是农资企业抗击新冠疫情最好的行动。丰诺公司秉持"早安排、早部署、早行动"的原则，在年前已较好完成渠道铺货、备货基础上，大力推动农资的线上营销和销售，以及农业服务等工作，保障终端零售渠道农资正常供应。同时，丰诺农机专业合作社联合青岛老段农机专业合作社积极组织开展农机检修，确保各类农机具在春耕中能够以最优良的性能发挥最大的作用，为了有效防范疫情，检修不进村不进户，农户们把农机具开到村外空旷的晒场，工作人员戴着口罩进行检修，对于检修中发现的问题，工作人员现场予以解决。

（三）农技农艺保产量

公司领导李总、高级技师赵春芝老师和技术人员主动下乡，现场为马连庄、日庄等地区托管户一一指导培训。李总说："既然大家选择了丰诺植保为咱们的丰收作保障，那就一定要听从指挥跟着公司的脚步同步进行，公司会指派专业的技术人员跟踪农户，做好每个生产节点的管理工作。我们的技术人员都是经过严格培训合格后上岗的，请大家放心。"高级农艺师赵春芝在田间地头为农户讲解克瑞森葡萄架的搭建技巧，以及红富士苹果、秋月梨、甜宝甜瓜、金秋红蜜桃、应霜红桃等经济作物春季生产应注意的事项。

（四）受灾补助保民心

抗击疫情期间，2020 年 5 月 17 日莱西市却又突发冰雹，各个村庄损失惨状，尤其是日庄、马连庄、南墅等地，丰诺的托管户也无一幸免，甚至出现绝产。为了安抚广大农民朋友，丰诺农化有限公司联合施可丰化工股份有限公司、烟台嘉特生物科技有限公司、邮储银行、青岛农担及 60 多个托管户对灾情后恢复生产进行座谈。公司表示："针对此次灾情丰诺农化公司联合施可丰、烟台嘉特三方合力救灾，为农化这次受灾的 60 多个托管户每亩地补助 800 元的救济款，尽公司的一点微薄之力，希望大家早日恢复生产，不要失去信心，重新振作起来。"此外，公司为了帮助农户解决资金的问题，特邀请了邮储银行和青岛农担，特申请针对本次灾情农户推出优惠利率 4.85%，助力农户恢复生产。

政府参股 科技引领
全面推进统防统治社会服务现代化
——莱西市金丰公社农业服务有限公司

作为首家有政府入股、参股的农业服务公司，自 2017 年成立以来，莱西市金丰公社以中央一号文件精神为指引，坚定不移地响应乡村振兴战略，在政府的大力扶持与深度参与中，积极整合社会各方资源，快速推进农业机械智能化、农业服务现代化模式落地，为莱西广大农户提供"耕、种、管、收"全产业链农业托管服务，努力打造高标准社会化服务组织。

一、公司概况

莱西金丰公社农业服务有限公司成立于 2017 年 10 月，注册资金 1 000 万元，位于莱西市夏格庄镇工业园华盛路 1 号。作为首家有政府入股、参股的农业服务公司，莱西金丰公社在政府的大力扶持与深度参与中，快速推进农业机械现代智能化、农业服务现代化模式落地，努力推动农业农机生产规模化、标准化、精准化和种植业结构调整，打造专业的智慧农业农机服务队伍，不断提升农业农机产业价值，促进现代农业农机发展和农民增收。

公司占地面积 1.17 万米^2，机具库 6 000 余米^2，维修车间 30 余米^2，推广培训教室可容纳 150 人，各种机具设备齐全，实验室配备了实验分析设备。目前，全程托管的机耕、机种、机收、植保作业面积 1 万余亩，项目基地土地面积 1 260 亩；公司设有专家工作室 1 间，培训教室 600 余米^2，基础设施较为完善，农机技术人员 6 名，培训维修售后技术人员 11 名，专业飞防飞手

60 名;公司设立了农民田间学校,有良好的培训平台、条件和场地。公司成立以来,先后入选为山东省新型职业农民乡村振兴示范站青岛市农机化试验示范基地、青岛市农业广播电视学校农民田间学校,2019 年被认定为"全国统防统治星级服务组织",2020 年被中共青岛市委、青岛市人民政府评为"青岛市乡村振兴工作先进集体"。

二、典型做法

病虫害防治是农作物生产"产中"管理的重要环节,因不同田块的管理水平和生态环境不同,病虫发生种类和发生程度均不相同,防治要求各不相同。长期以来,农作物病虫害防治一直是以一家一户的分散防治为主,防治装备和技术水平低,很难在防治适期选择对路药剂进行防治,防治效果差,不能有效控制流行性、暴发性的病虫害,易造成土壤、水源和生态环境污染。病虫害社会化统防统治服务是补齐农民病虫防治短板的重要措施。公司自成立以来,致力于引进先进植保机械和植保技术人才,以病虫害监测为基础,加强与政府的合作,广泛开展病虫害统防统治,大大降低成本,提高了防治效果。

(一)利用政府参股优势,壮大社员队伍

公司成立较晚,自 2017 年到现在仅四年的时间,现拥有社员 2 600 人,各类植保机械 120 台,机手 60 多名,年作业面积 30 万亩,作业范围不仅包括青岛各区市,还包括烟台、潍坊等周边地区,服务水平得到广大客户和农民的一致认可。公司充分发挥政府参股优势,利用政府公信力,广泛宣传公社理念,吸收公社社员,只要农户加入金丰公社成为社员,便可享受免费培训,技术指导,统防统治服务等权力,帮助社员省钱省力又省心,通过科学使用产品,切实帮助农户提质增产增收。

（二）引进先进植保机械，助力植保机械现代化

莱西金丰公社农业服务有限公司自成立以来，先后引进了植保无人机、自走式喷杆喷雾机、果园风送式喷雾机、背负式喷杆喷雾机、静电喷雾机、烟雾机、弥雾机、喷粉机等先进植保机械，促进植保机械更新换代，大大提高了作业效率和农药利用率，提高了病虫防治效果，减少了农药用量。为提高公司植保社会化服务能力，在成立机防队的同时，还与大疆、汉河、极飞等植保无人机生产企业飞防队合作，在平时业务量小、防治任务较少时，由本公司机防队提供服务，在防治业务量大、飞防集中的时间，如小麦穗期病虫防治等时期，由公司承揽业务，负责防治药剂和防治技术，无人机企业负责飞机和机手，有效解决了购机成本高，利用率低，植保无人机操作和维修难等问题，降低了服务成本。

（三）不断提升植保技术水平，提升农业服务现代化

一是引进植保专业技术人员，加强人才储备。二是积极参加各级农业部门组织的专业培训，不断提升社员专业水平。三是加强社员培训，与农业广播电视学校合作，利用农闲时候，对社员进行技术培训。四是重视病虫害田间监测，定时开展田间病虫草害监测，加强与政府的植保部门、气象部门等相关部门合作联动，共享病虫、气象信息，以测报数据指导开展病虫防治，做到在合适的时间，采用先进的植保机械，施用对路的药剂，以最少的农药用量取得最佳的防治效果。

（四）依托科技力量，加强技术研究推广与应用

公司积极与山东省农科院、青岛农科院、山东农业大学、青岛农业大学等科研院校合作，开展植保机械应用技术、农机与农药配套使用技术、农机与农艺配套使用技术等研究与推广应用，近年来完成了相关试验 3 项，为植保新产品、新技术在我市的推广应用做出了贡献。

三、社会服务成果

2018 年共计统防统治面积 6 万亩，包括：莱西金丰公社农业服务有限公司承担莱西市政府统防统治项目（花生）4.9 万亩；烟台市栖霞苹果园作业 1.5 万亩，包括耕地、果树种植、飞防等内容。订单种植鲁花高油酸花生 2 000 余亩，胡萝卜、土豆、果树托管、半托管面积 9 000 亩，小麦玉米连作全程托管面积 1.2 万亩。

2019 年统防统治积 10 万亩，包括莱西金丰公社农业服务有限公司承担统防统治项目（玉米）6 万亩，采用大疆无人植保机作业效率提高 50% 以上，通过无人机的风力场使农作物的正反面都能得到防治效果，使农户从繁重的农事劳作中解放出来，享受到现代化农业服务，让种植更轻松，得到市政府领导与农户的一致肯定。完成小麦全程机械化打捆离田 3 万余亩，完成有机肥替代化肥 500 余吨，完成农机使用维修技术培训 450 人。

2020 年统防统治面积 12 万亩，飞防项目 2.5 万亩，高素质农民专业培训 80 余人，新型职业农民教育 450 人，保护性耕作 3 万余亩。

农作物病虫害专业化统防统治是适应现代农业发展需要，提升病虫害防控能力和科学用药水平，保障农产品生产安全，促进种植业转型升级和农业可持续发展的重要措施。莱西金丰公社农业服务有限公司将不忘初心，砥砺前行，助力现代农业发展。

拓宽服务渠道
积极开展专业化统防统治

——山东鲁农种业股份有限公司

一、基本情况

山东鲁农种业股份有限公司成立于 2006 年，注册资本 1 000 万元，是一家集良种繁育、技术研发、粮食仓储于一体的山东省农业产业化重点龙头企业、山东粮食流通仓储企业。近年来，公司为适应新型现代农业发展要求，不断拓宽经营范围，先后成立了病虫害防治专业化机械作业队伍，配备先进的机收机种、深耕深松、种肥同播等装备。公司与山东省农科院、山东农业大学合作，建有山东农业大学小麦良种繁育示范基地和博士工作站。公司牵头成立农机专业合作社 2 家、植保统防统治合作社 3 家、粮食种植类合作社 5 家，近年来组织农机作业、统防统治植保服务等社会化服务面积 20 万亩以上，创造了良好的自身效益和社会效益，赢得了广大农民朋友的好评。

二、工作措施

（一）规范化管理

为更好地服务当地农民，公司一直致力于建立健全内部组织机构和各项管理制度，建立了完善的财务管理、财务公开、议事决策记录等内部规章制度，严格执行民主管理、统一服务、学习培训等制度等，使内部管理更加规范。

（二）实行标准化服务

一是统一行动，严格按照"预防为主、综合防治"的植保方针，采用统一供应农药、统一时间预防、统一配制农药、统一标准防治、统一田间管理的"五统一"管理模式，为生产优质、安全的农产品提供了强有力的保障；二是建立了病虫害防治追溯体系，在坚持标准化服务的基础上，进一步完善田间管理措施，建立病虫害防治记录制度，做到事先有规划、实施有记录、具体田块都有专人负责，施药统一配制，做到防治的全程控制。

（三）积极承接惠农项目

公司近年来一直承接并认真实施了高青县的惠农项目，如小麦"一喷三防"项目、玉米"一防双减"项目、"高青县粮食救灾减灾病虫害综合防治项目""农业生产全程托管服务项目"等。截至2020年年底作业面积累计达30余万亩，防治效果达到95%以上。

（四）全程托管服务

积极探索土地托管服务，对于托管的土地，公司提供耕、种、管、收等全程标准化服务。2019年公司实施完成玉米全程服务面积1.2万余亩，小麦全程托管服务面积4万余亩，目前小麦全程托管服务正在实施中。

（五）搞好技术培训，提高业务素质

通过聘请农业院校及农业部门专家讲课，安排技术人员到农业院校深造等多种形式，对社员进行安全用药、施药技术、机械维修、政策法规、职业道德和管理知识等系统培训，提高社员的业务素质。建立了一支技术过硬、作风优良的统防统治机防队伍，为全面做好统防统治工作打下了良好的基础。

三、今后发展计划

(一) 拓宽服务范围

积极探索适合设施栽培和特色农业的喷药模式，开展设施栽培和特色农业的新型托管模式试验，进一步提高合作社的服务能力和社会影响力。

(二) 增加种田的科学技术含量

积极与科研、生产、推广部门联系，引进新型的喷药设备和技术，提高种田的技术含量。

(三) 扩大服务规模

认真总结近几年专业化统防统治经验，充分发挥合作社机防队大型机械及系统综合统防统治配套技术的作用，积极争取承担农作物病虫草害统防统治项目，扩大专业化统防统治服务规模。为全面提升农作物病虫害综合防控能力，切实保障农业生产安全做出应有的贡献。

(四) 项目带动

公司拟建"高青县 50 万亩品质原粮基地县建设"项目，本项目总建筑面积 3.59 万米^2，总体布局为"一园十场五十万亩"，即 1 个鲁农现代农业产业园、10 处智慧农业示范农场、50 万亩品质原粮基地。鲁农现代农业产业园占地 134 亩，总建筑面积 3.04 万米^2，包括三个中心，即农业投入品供应中心、粮食产后服务中心、中化 MAP 技术服务中心，其中技术服务中心主要建设智慧农业平台、植保服务、农机服务等。10 处智慧农业示范农场，每处农场 300～500 亩，设临时仓储和办公用房，组织开展粮食（玉米和小麦）规模化标准化种植，打造智慧农业的"样板田"，以示范农场带动全县 309 个村，带动成立土地股份制合作社 100 个，发展优质粮食标准化生产基地 50 万亩，全面提升粮食产业化水平。50 万亩品质原粮基地的建设，通过增强产前、产中、产后全程社会化服务，亩均节约成本 40 元，全县农民实现节支 2 000 万元；优质产品订单化经营，亩均增收 60 元，年均增收 3 000 万元；推进优质农产品生产，加快农业供给侧结构性改革，努力满足城乡居民日益增长的消费需要。

完善创新模式 打造新型合作服务领域

——桓台县利众农机农民专业合作社

一、基本情况

桓台县利众农机农民专业合作社创办于 2007 年 5 月，注册资金 113 万元，位于新城镇罗苏村，占地面积 10 亩，现有标准化机库房 3 000 米²，办公室面积 200 米²。目前登记社员 118 人，拥有大中型机械 100 余台（套），其中植保无人机 12 架，配备高级维修工 1 名，高级电工 1 名，农机驾驶教练员 3 名，农药经营人员 1 人，中级维修工 3 名，工作人员 25 名。

合作社登记服务范围：农机服务、培训、农机维修、农业机械植保、植保无人机病虫害防治、土地流转、托管、粮食烘干、技术指导、信息服务；农产品及苗木种植与销售；农业基础设施建设。

二、工作开展情况

（一）合作社发展情况

近几年来，合作社根据现代农业发展方向，按照建设标准化、管理规范化、经营企业化、生产科技化、作业模式化的要求，积极转变发展思路，推动合作社由社会化服务型向新型农业经营型转变。在组织形式和社员入社形式上，农民可以灵活选择带机入社、资金入社、土地入社等不同方式，同时不断升级新型大型农机具配套装备，加快农机农艺技术融合，提高集约化生产水平。

（二）制度建设和管理情况

桓台县利众农机农民专业合作社成立后，按照专业合作社的章程成立了理事会、监事会和社员代表大会，同时制定了规范的专业合作社章程，建立健全了完善的成员代表大会、理事会、监事会等制度，成立了监督机构，保障了合作社成员的知情权、决策权、监督权等民主权利。合作社实行独立的会计核算，严格落实财务会计制度，会计账簿、财务管理和盈余分配等规范科学完善，保障成员的经济利益。

（三）生产经营及带动农民增收情况

合作社主要开展对外机械社会化服务。针对粮食生产关键环节存在的问题，重点在深松整地、小麦新型宽幅精播、病虫害统防统治、粮食烘干四个方面实行社会化服务，实现了小农户与现代农业的有效衔接，促进了粮食绿色高质高效生产的发展。采取两种模式：一是劳务合作型，即合作社为周边农民提供订单作业，机耕机播、植保、粮食烘干等一条龙服务，每年可完成机耕面积 7 万多亩，机播面积 3.65 万亩，粮食烘干 3 000 余亩，统防统治服务 5 万多亩，服务农户 9 000 多户；二是生产合作型，即合作社通过托管方式为德玉、众城等多家农场提供一条龙全程机械化服务。

积极参与县农业农村局、县农机局组织的深松整地作业，自 2015 年以来，先后对 9 万亩耕地开展了深松整地作业。通过实行深松整地作业，深松深度达到 25 厘米以上，打破了犁底层，促进了根系下扎。试验表明：实行深松整地，每亩粮食增产 15 公斤以上。通过开展深松整地社会化服务已累计增产粮食 100 余万公斤。

积极参与县农业农村局小麦宽幅精播作业，截至 2020 年完成小麦新型宽幅精播作业 10 万余亩。应用小麦新型宽幅精播技术，每亩增产小麦 20 公斤以上，累计增产粮食 200 余万公斤。

专业合作社近年来承担县农机局的粮食烘干项目，免费为周边种粮大户提供粮食烘干服务，先后烘干粮食 1 万余吨，为种粮大户等新型农业经营主体节约成本 100 万元。在降低生产成本的同时，还防止了粮食霉变，改善了粮食品质，受到了新型农业经营主体的一致好评。

（四）统防统治开展情况

合作社充分利用国家和地方优惠政策，多方面筹集资金，购置了日作业能力 100 亩以上的喷杆喷雾机 10 余台，植保无人机 10 架，药械装备水平显著提高，实现了病虫害防治由"人背机器"到"机器背人"的转变，田间作业能力、作业效率大幅度提高；建立起了技术过硬、作风优良的机防队伍，日作业能力高达 8 000 余亩。

合作社积极参与机械化防治作业，2020 年作业面积达到 10 万亩，托管防治面积达到 5 万亩；对种粮大户等新型农业经营主体实行机械化防治作业，每年防治面积达到 5 万亩。通过实行病虫害统防统治作业，防治效果和作业效率大大提高，粮食生产农药用量逐年减少，促进了粮食绿色高质高效生产的发展。

三、成效与发展规划

桓台县利众农机农民专业合作社连续多年被山东省农机局评为"山东省明星跨区作业队"，被山东省农机局、山东省安监局评为"十县百乡千村万户示范合作社"，相继获得"淄博市市级示范社""山东省省级农民示范社""山东省新型职业农民实训基地"等荣誉。2017 年被认定为全国农民合作社示范社，成为桓台县创建全国主要粮食全程机械化示范县试验示范基地、全国基层农技推广体系改革与建设补助项目农机科技示范基地，2018 年被评为中国质量信用 AAA 级示范社、山东省现代农机化转型升级推进工程项目"两全两高"农机化示范基地，2019 年被评为山东省第一批农业生产性服务省级示范组织，2020 年被中国农业技术推广协会评审认定为第二批全国统防统治星级服务组织。

下一步，合作社将按照"服务农民，进退自由，权利平等，管理民主"的要求，加快农民专业合作社的发展，使之成为引领农民参与国内外市场竞争的现代农业经营组织。

扎根农业　服务农村
——淄博市瑞虎农业科技有限公司

一、基本情况

淄博瑞虎农业科技有限公司成立于 2017 年，位于淄博市高青县，注册资金 1 000 万元。现有多旋翼植保无人机 30 架，无人机模拟器 5 台，无人教练机 5 架，日防治能力 1.2 万亩，主营业务为植保农机服务、农资供应、植保无人机销售。公司自成立以来，本着"扎根农业，服务农村"的理念，大力开展农作物病虫害统防统治。公司始终以科技践行着最真诚与质朴的农心，热情为广大农民朋友提供真实优质、安全可靠、高效环保的植保服务，大力推广植保无人机，发挥无人机效率高、适应地形广、省水省药、施药过程对人体几乎无危害等传统植保工具和设备无法比拟的优势，开展统防统治作业服务。经过不懈努力，服务区域已由淄博市扩展到了本省的德州、聊城、东营、滨州及内蒙古自治区、山西省等地。

二、主要做法

（一）利用无人机为粮食作物提供植保服务

率先购进 30 架植保无人机，开展大田农作物病虫害统防统治，不仅解决了农民人工喷药难、施用农药精准度不高不安全的问题，还取得了良好的社会效益和经济效益，受到广泛好评。

从 2018 年开始，参与高青县小麦"一喷三防"、玉米"一防双减"飞防工程。植保无人机与传统的人工施药相比，速度可以提高几十倍，甚至上百倍，为农、林业的病虫害防治提供了可靠保障。能够及时对病虫害进行灭杀，而且作业时人员不进入种植区域，彻底解决了作物之间病菌的交叉感染。截至 2020 年年底，已先后在淄博、滨州、东营以及内蒙古、山西等地作业面积超过100 万亩。

（二）利用无人机开展粮食作物以外的市场

2017 年，受外省果农委托，开展果树病虫害防治，积极研究施药技术难点，改进药械，解决了果树"打不透，吹落花"的问题，提供了高效的病虫害防治服务，并推广到多地区。为服务本县较多的桑蚕养殖户，提供专用设备，不与其他作物药械混用，避免了因药械而出药害的可能。

（三）严格要求，用心服务

严格培训考核制度，公司对每一名飞控手按照有关规定进行培训，根据个人情况，培训时间为 30～40 天，考核合格后方可上岗操作。严格的考核制度提高了飞控手的技术水平，为高质量作业奠定了基础。为保证作业质量，使广大种植户以最小的投入，获得最大的效益，公司对各作业班组从严要求，收到了良好的效果，得到了广大种植户的充分肯定。按照病情测报，在及时准确地提供高质量的现场作业服务的基础上，防治作业完毕后进行施药质量、防治效果的评价，并将服务的农户数、面积、防治对象、用药时间、药剂名称、亩用量、施药机械类型、亩用水量、天气状况及作物的生育期记录在案，形成防治服务的可追溯制。坚持"提高效率、降低成本、保障生产"的工作理念，公司推行以点带面，统一配药，联合作业，统一收费标准的服务模式，让大户带小户，小户连成片，避免小户在农业机械化现代化的路上掉队。

（四）培训赋能，拓展为农服务产业链

积极履行企业社会责任，以"技能培训＋装备赋能"为组合，

由植保服务向农业生产的其他环节拓展，搭建农产品经营服务平台，推动农业生产中劳动力转型升级与农业机械化发展相结合。公司成立后，建设了田间学校，为农户提供科技支持和技术服务，提高了农户的农业生产水平。通过学习培训，帮助当地一部分农户率先掌握飞防技能。飞手可通过承接统防统治来获得收入，同时还可以解决订单无专业飞手对接的难题。

三、下一步发展计划

随着农村土地流转和集约化管理的加快，农村劳动力日益短缺，统防统治和专业化防治日渐普及，采用无人机植保作业已经成为我国农业的发展趋势。顺应这一趋势，公司将继续加大以统防统治为核心的农业社会化服务体系建设，确保为农服务工作做实、做大、做强。

（一）及时推广普及新机具，帮助农户增强自身素质

作为一家农业科技企业，公司将从提高农机化服务着手，积极利用农机购置补贴项目，大力引进大田农作物和大棚农作物等各类先进机器设备，为农田生产提供耕地、播种、施肥、防治、收获等一条龙服务，并为提高农业产品质量提供可靠保证。此外，积极承担起企业社会责任，为农民朋友普及新型农业机具和科学生产方法，帮助农户增强自身素质。

（二）加强飞手培训，将理论学习落实实际生产

无人机的操作需要专业的技术人员，但是市场上符合标准的无人机飞手仍然缺乏，各高校、技校尚没有培养专业的市场对接人才，目前在职的多是无人机爱好者，总体上"供不应求"的人才储备状态影响了农业生产。公司将增加培训课程和培训强度，增加学员在田练习机会，帮助广大农民朋友和无人机爱好者掌握专业技能。

（三）完善公司运作模式，提升农业服务效能

按照先"前期试点"后"扩大覆盖范围"的步骤设置植保服务网点，对所有机防手进行定期或不定期的专业培训，逐步提高综合服务能力和服务水平。

（四）开拓多项农业服务

无人机是一个飞行平台，可搭载不同设备执行各种农业飞行任务。除植保无人机外，还可以进行土壤检测、病虫害预警、作物生长状况监测、播种、施肥、授粉、驱鸟等农业服务。公司将充分挖掘无人机使用潜能，进一步拓展服务项目，以便帮助更多农民朋友进行农业生产。

振兴农机产业
开拓现代植保服务市场
——淄博市周村奥联农机服务专业合作社

一、基本情况

淄博市周村奥联农机服务专业合作社成立于 2010 年 3 月 26 日，地处周村区站北路 476 号，注册资金 790 万元。合作社主要以大田粮食作物飞防服务为主，以大棚经济作物机防服务为辅，合作社拥有先进的农用机械、植物保护、土壤和肥料检测等设施设备，现有植保无人机 10 架、大中型喷雾机 8 台、小型机动喷雾（粉）机 30 余台。截至 2020 年年底，已先后在淄博、滨州等地累计作业 30 余万亩。2020 年，被全国农业技术推广协会认定为"全国统防统治星级服务组织"。

二、主要做法及成效

（一）大力开展粮食作物统防统治服务

合作社利用农机经营服务的网络优势，在全区率先开展无人机飞防试点，联合大型喷杆式喷雾机生产企业，开展专业化植保服务，开展大田农作物病虫害统防统治标准化技术探索。采用农用无人机等农业机械施药彻底解决了人工喷药防治难题，实现了"三提高""三减少"，提高了病虫害的防治效果，提高了防治效率，提高了种粮农作物的收益；减少了打药次数，减少了农药用量，减少了农药的面源污染。2020 年 5—7 月，参与周村区 6 000 亩小麦"一喷三防"、玉米"一防双减"飞防工程。同时，合作社引进大型喷杆式喷雾机，在鲁中地区范围内针对种粮大户开展病虫害专业化统防统治服务。

（二）服务运作模式方面

合作社成立专门的业务团队，面向种植大户、生产基地、零散种植户等服务对象提供农资供应、植保、农机等综合农事服务，通过遍布村镇的农资零售商联系业务、招募机手、业务结算，同时在部分村镇优选有声望、会宣传的当地能人建立村级服务站，与农资零售店相互补充，两条路发展，充分利用农资零售店及村站站长的地缘及人脉优势作为第三方保证，让服务对象更放心。合作社提供器械，管理人员为正式员工，操作人员为临时雇用，服务采用按亩提成制给机手佣金，机手收益与服务面积、服务效果挂钩，服务前签订服务协议，服务过程社员监督，验收合格后结算费用。合作社赚取农资差价及作业服务利润，机手享受操作佣金，农民获得耕、种、管、收等系列服务，实现共赢。

合作社对所有种植农户提出服务承诺，对农户提供免费病虫害开方服务，全程用药直供价，并提供先进机械设备，明码标价、有偿服务；派专业农艺师每半个月到园区内现场免费技术指导，并免费培训或指导病虫害防治、温控等管理技术；保证服务的园区产量高于其他同样园区，同比产量及质量有所提高。园区内有急事拨打服务电话，服务人员 24 小时随叫随到，提供全程跟化踪服务。

（三）利用好技术培训良机，积极宣传、树立品牌形象

充分利用现场会、示范田观摩、培训会等机会，宣传业务模式、服务意义，让农民朋友更好地了解合作社，了解先进的农业技术，充分宣传在植保服务中受益的典型案例，让事实说话，使农民从了解、接受到信服，并通过购买农资赠送作业服务的方式让农民朋友直接体验好处及价值，树立"奥联农机"品牌形象。

农业病虫害统防统治等农事服务季节性强，时间短，必须以兼

业形式进行，这样就造成团队不稳定、服务不稳定的现实，针对这一问题，合作社固定业务骨干成为正式员工，提高机手收入，同时延展服务链，增加盈利点，以高收入保障队伍稳定。因为农事操作没有统一标准，服务纠纷常有发生，这就要求合作社在提升服务技能的同时也要与服务对象事前沟通，也就是丑话说在前面，绝不夸大宣传，通过明确期望值，提升满意度。

四、下一步打算

几年来，合作社在上级领导和各级农业主管部门的支持帮助下，通过开展专业化统防统治服务，合作社的效益和影响力不断提高。吸收周边更多农户加入，结成利益共同体，扩大队伍，加大投资，增加器械，更好地发挥了机械化在农业生产中的效能，提高了机械化水平。下一步合作社将按照农业部门的会议精神，在新形势下以更高标准推进植保事业科学发展，认真分析植保发展面临的新形势新挑战，增强责任感和紧迫感，进一步探索为农服务，实现社会效益和经济效益双丰收。

农业新动能　统防生力军

——滕州市汉和农业植保有限公司

滕州市汉和农业植保有限公司成立于 2017 年，位于中国马铃薯之乡的核心产区滕州市界河镇。公司成立近 4 年来，内强素质外抓服务，成长为一个服务优良、管理规范、深受群众欢迎的专业化统防统治服务组织。2019 年被认定为"全国统防统治星级服务组织"，为提升当地病虫害防控能力和科学用药水平做出了贡献。总结公司几年来开展统防统治工作情况，主要有以下几个特点：

一、狠抓软硬件建设，服务基础牢固

公司投入大量资金，进行服务装备阵地建设。截至 2020 年年底，公司购置单旋翼和多旋翼两种植保无人机共 39 架（套），形成固定资产 185 万元，日防治作业能力达 2 万亩，建成投入使用服务基地总面积 210 米^2，其中办公室 59 米^2、培训室 89 米^2、检验检测室 62 米^2，夯实了开展服务所需的设施设备基础。

公司配齐了服务所需的专业人员队伍。经过招聘和自主培养，目前拥有管理人员 3 名，具有专门植保农业技术方面的技术人员 2 名，专职无人机操作人员 37 名。

公司管理规范。为确保服务质量和标准，公司制订《飞防服务标准》《器械专人保管制度》等制度共 8 项。针对每年统防统治新特点新情况，开展专门的技术培训，累计组织专业技能培训 340 人次。

二、以灵活的方式、高标准的质量开展好统防统治服务

公司以统分结合的方式，灵活地开展植保防治服务。首先注重依靠自身强大的实力，组织无人机群，争取政府招标、镇村发起邀约的大型订单。累计承接并完成"粮食高产创建平台建设项目玉米病虫害植保无人机防治作业项目"等政府招标的统防统治项目41.5万亩次。这些项目的顺利实施完成和良好的服务效果，为公司在大型统防统治市场打出了名气，公司成为本地大型统防统治招标时首要邀约对象。其次在本地农业植保需求的旺季，针对本地服务对象地块零散特点，采取小分队作业方式。按照"预约→组合→正式实施作业"三步走模式，首先登记预约拟作业地块，然后根据预约地块地理位置，就近组合，然后确定作业时间，最后进行现场作业。这样既满足了零散地块农户的统防统治需求，又解决了地块分散限制无人机作业效率的弊端。

在服务过程中，严保服务质量。服务按照事前勘察→与雇主商定作业方案→严格遵照公司作业标准和作业规程操作的流程进行。针对作业前后制订了一系列的操作标准，并严格执行。为确保作业质量，印制了《飞防作业确认单》，载明地块名称、面积、作业评价等事项，由飞手和服务对象共同签字确认，并存档以备事后追踪。增强了飞手作业过程中的责任心。这些措施的实施保证了服务质量，服务对象满意率达到98%。由于服务质量高效果好，在没有刻意组织宣传的情况下，仅靠用户口口相传，就达到了服务供不应求的良好局面。

三、经济、社会效益良好，示范引领效果明显

三年多来，依靠强劲的实力、优良的服务，滕州市汉和农业植保有限公司的统防统治服务在本地获得了较大的竞争优势，占据了

较大的本地市场份额，累计服务作业 201 万亩次，为本公司和服务对象创造了较好的经济效益。随着本地农业服务业发展，近年来农村用工成本逐渐上升。对于自家耕地，农民更愿意购买物美价廉的飞防服务，腾出时间来去打工获取更高的回报。对于集约经营的大块流转土地，相比采取雇用人工喷洒作业，公司提供的服务在价格和效果上更具有无可比拟的竞争优势。高性价比的统防统治服务，在为公司创造经济效益的同时也为服务对象节省了大量的生产成本。

统防统治的推行也实现了农业减量控害，推进了农业绿色发展。由于作业方案全程由农技人员参与，优先选择优质、高效的农资，通过飞防这一规范的植保作业，定量喷药、配方施肥，有效减低农药、化肥的使用量，最大限度地降低农业污染，保护了生态环境，实现了农业绿色发展。

良好的经济社会效益，让更多的从业人员和农民认识到了统防统治的好处，纷纷购置设备参与到以飞防为代表的统防统治中来，创造了本地农业植保新业态。

四、勇担社会责任，防疫战场立功

2020 年初，面对突如其来的新冠疫情，滕州市汉和农业植保有限公司，组织带领本公司飞防队，义务为全镇 68 个村提供免费消毒喷洒服务，并协助各村为隔离户运送生活物资。

公司运送生活物资的视频在网上发布后，得到了新浪视频、头条新闻、环球网、环球时报、B 站、腾讯视频等大量网络平台、媒体转发，大量网友纷纷转发、评论。在防疫形势严峻的大背景下，借助网络强大的传播能力，公司成了抗疫"网红"，获得广泛赞誉。

只有短短不到两分钟的视频，远远不能反映滕州市汉和农业植保有限公司飞防大队在此次抗击疫情中的事迹全貌。在此次行动中飞防大队行动迅速，从 2020 年 1 月 28 日农历正月初四，就集结装备人员，全力投入到防疫战斗中；克服大量困难，没有交通工具，队员志愿者就自驾私家车，饭店等服务场所关闭无处吃饭，就从家中自带熟食、方便面充饥，天气寒冷就多加御寒衣物，任务量大就加班加点。技艺精湛、操作精准、作业安全。村中消毒喷洒不同于在大田中作业，有地形复杂、建筑物多等困难。飞防大队的志愿者每到一个村就首先认真勘察地形，制订安全作业方案，并利用多年练就的精湛技艺，小心操作，在对界河镇全镇68个村喷洒作业中，未发生任何作业事故，圆满完成消毒任务。

情系飞防　保万家丰收

——枣庄市万丰农林科技有限公司

枣庄市万丰农林科技有限公司成立于 2016 年 3 月，位于枣庄市市中区，是一家从事飞防农机专业服务类组织。现有持证飞防机手 16 人，拥有农用三角翼动力滑翔机 2 架、动力伞 1 架和极飞 P 系列植保无人机 23 架。5 年来累计开展农作物飞防作业 121 万亩，实现节本增效 2 200 多万元，服务范围遍及枣庄各个市区，并辐射到山东省内以及江苏省、河南省、安徽省、湖北省的部分地区，产生了积极的社会影响。2019 年被认定为"全国统防统治星级服务组织"。

一、创新"四位一体"服务模式

创新了"飞防作业＋农资配套＋培训指导＋设备保障"的"四位一体"专业化飞防服务模式，在大规模作业调度、突发性病虫害防控、对内土地托管、异地跨区作业服务等方面都做出了突出贡献。

（一）成立飞防服务队伍

公司法人代表王保刚，农民。他于 2006 年取得了飞行员资质，曾从事飞行表演、民用飞行、商演飞行等工作。随着年龄的增长，更主要是对于农村农业的热爱情怀，2014 年，他把自己的三角翼动力滑翔机加装了喷洒农药设备，在本村农田进行试验获得成功。2016 年，他开始购进农用植保无人机，同时注册公司，招募飞防人员，目前发展到 16 名持证机手、26 架飞行器的规模，开始了农业飞防的崭新事业。

（二）配套农药经营

办理了农药经营许可证，从农药企业直接购进适宜飞防专用的农药农资，既保证了农药质量，降低了原料成本，更主要的是保障了飞防一线农药的及时供应，提高了作业效率。

（三）开展培训指导

一方面由厂家负责对飞防员进行专业培训，另一方面请植保专家进行农药及病虫草害知识培训，以提高飞防技能和防治效果；同时受厂家委托，指导培训有意于从事飞防工作的人员，由厂家最后进行专业考试、发证。2019年王保刚同志获得了山东省职业农民高级农艺师资格。

（四）做好设备维护服务

开展飞行器销售代理业务、维修飞行设备、对外租赁民用飞行器及植保机械设备等。拓宽业务范围，确保自身飞行设备安全可靠，为社会提供设备售后、维护服务。

二、开展"内托外跨"社会化服务

（一）创新土地托管服务模式

主要针对种植大户、专业合作社、成方连片的地块，签订飞防土地托管协议。对于土地托管业户定时进行病虫监测，确保第一时间发现病虫发生情况，及时安排飞防作业，同时根据托管作物和项目不同，以低于市场价10%～20%的优惠标准收费。

（二）开展异地跨区作业服务

通过公司网络平台，常年对外发布服务信息；通过公司业务员上门宣传推介，联络客户。2016年4月承接了山东省鄄城县林业局 34 070 亩的美国白蛾防治项目，同年 7 月对湖北省武汉市 2 万亩水生植物芡实进行了病虫害防治。

（三）积极参与政府采购农业病虫草害防治

先后承担了 16 项政府采购无人机植保飞防及农药供应项目，包括 2016 年菏泽市鄄城县美国白蛾飞防、2020 年河南鹿邑县小麦条锈病、赤霉病统防统治等外地市项目 4 项累计实施面积 14 万亩，中标本市"五区一市"中央财政和省市地方财政农业采购项目 12 项共 96 万亩。政府采购项目面积占全部防治面积的 80%，连续五年植保无人机飞防面积位于全枣庄市第一位，赢得了广泛的社会认可、较好的社会效益，同时锻炼了队伍，积累了经验，提高了防治技术和防治效果。

三、规范"技术安全"操作规程

（一）建立健全飞防安全保障措施

完善建立了《无人机安全作业操作规程》《飞防机械安全维护规程》《农药安全使用操作规程》等，切实加强对机防人员安全管理，抓好日常学习教育，提高安全责任意识，养成良好操作习惯，实行安全飞防业绩考核，参加人身安全保险，落实各项安全保障措施，确保飞防过程人身、财产和环境安全。

（二）切实做好病虫草害预警监测

一是公司网络平台联结了省区市农业植保在线，能够实时了解病虫草害预警信息，确保飞防信息灵通快捷；二是邀请市区植保部门做技术指导，培养病虫情报调查员 4 人，提高了病虫监测的技术能力；三是设立病虫情报监测点 10 处，定时进行病虫情报监测，做到了飞防作业有的放矢。四是奖励社会提供病虫情报人员。通过万丰植保平台，向社会发布奖励措施，对首先发现病虫情报的人员给予 500 元的资金奖励，以调动社会资源发现病虫信息。

（三）严格执行飞防技术流程

对于飞防地块，无论大小，都要进行现场察看、数据采集、确定用药，然后天气选择、机械准备、人员隔离、模块输入、飞行操作的流程标准，确保飞防安全和提高飞防效果。

（四）建档立卡备案管理

对于公司运营，实行年备案审核；对于农药使用实行备案登记；对于作业客户建立飞防档案；对于防治面积实行分类统计和年终汇总合计。纸质档案存留 3 年，电子档案将长期保存。

四、实现"农药减量"节本增效

飞防作业对于节本增效十分显著。根据实践统计，飞防防治与人工防治相比，一般减少农药用量 30％以上，减少用水 90％以上，减少人工成本每亩 20 元左右，防效提高 10％～20％。这对于落实国家"农药减量行动"目标，贯彻"预防为主、综合防治"的植保方针，实现"公共植保、绿色植保、科学植保"的目标，减轻因农药残留和面源污染，保护生态环境等都发挥了巨大作用。

五、主动开展抗疫消杀社会活动

2020 年疫情期间，组织机防队员 50 人次，利用无人机和全自主行走喷洒无人车，免费对市中区孟庄镇和税郭镇 5 个社区村居进行了无接触式抗疫消杀，体现了社会组织的责任担当，受到了社会的广泛好评。

六、发展愿景

公司总体目标是争做全国农业专业飞防的典范。具体在"抓小扩大带中间"上做文章，在促进农机农艺结合上下功夫，在综合农事服务上再提高。

（一）"抓小扩大带中间"

"抓小"就是对于不具备托管条件的零散地块，通过村集体组织登记协调，建立档案，主动开展上门服务，以全面提高本地的统防统治率。"扩大"就是在政府采购上争取承担更多的社会责任，在异地跨区作业上争取扩大服务范围和面积。"带中间"就是对于具备自我开展飞防能力的对象，进行无人机操作员培训，推介购买无人机飞防，或者为他们提供租赁服务。

（二）促进农机农艺结合

针对现有飞行人员农技专业薄弱的现实，聘请区市农业专家进行技术培训，分批委派参加业务部门组织的技术培训班以及新型职业农民培训，力争3年内全部人员轮训一遍，并争取全部取得初级以上农民技术职称，提高农机农艺结合的本领。

（三）提高综合农事服务能力

计划把经营范围扩大到农药、肥料、种子、农机以及其他农资等一体化经营，以适应土地托管的需要，全面提高综合农事服务能力。

七、几点启示

（一）农业飞防是一个需要飞行和农技双向技术结合的专业

王保刚同志具备多年的飞行经验，同时善于学习农业专业知识，并取得了农民高级农艺师职称，因此他的事业做得有声有色，卓有成效。

（二）农业飞防意义重大

农业飞防对于落实国家"农药减量行动"目标，贯彻"预防为主、综合防治"的植保方针，实现"公共植保、绿色植保、科学植保"的目标，减轻农药残留和面源污染，保护生态环境，意义重大，值得借鉴和推广。

（三）飞防作业一般季节性较强，淡季人员闲置是个突出问题

因此开展综合农事服务很有必要，最好与农机合作社、农业服务公司联合运营，以实现机尽其用、人尽其力、资源优化、提高效率。

大力发挥农机和植保设备优势
提高社会化服务水平
——东营市垦利区绿金田农机专业合作社

垦利区位于山东省北部，隶属于东营市，是典型的黄河冲积平原，东临渤海，南部与东营区接壤，西面与利津县为邻，北部与河口区毗邻。全区主要粮食作物有小麦、玉米、水稻，主要经济作物有棉花、莲藕等。垦利区绿金田农机专业合作社成立于 2014 年 3 月，注册资金 900 万元，拥有固定资产 1 214 万元，采取"合作社＋农户（农场）＋订单"的模式开展农业生产全程机械化服务，组织成员开展农业机械化作业，包括统防统治、大田托管等，组织供应成员所需的农业生产资料，为成员提供与农业机械化有关的咨询服务等。

一、基本情况

垦利区绿金田农机专业合作社位于东营市垦利区永安镇，现有成员 155 名，现拥有各类大中型农业机械 189 台（套），配套机具 324 台（套）。车库面积 1 600 米^2，总办公面积 8 000 米^2，其中：办公室 180 米^2、培训室面积 160 米^2、检验检测室面积 50 米^2。近几年，合作社不断加强植保技术的培训和学习，组织专业技能培训 20 次，培训 1 800 人次。不断扩大业务范围，大力开展跨区作业，积极参与上级农业部门招标项目，顺利中标并高标准完成土地深松整地项目、小麦全程社会化服务项目、大豆和水稻粮食绿色高质、高效创建补贴项目、蝗虫统防统治高效植保等政府采购项目 30 万亩。

2020 年全年完成总作业面积 34 万亩，作业收入 870 万元，取得经济效益 667 万元，社员人均盈余分配 11 万元。合作社先后被评为山东省平安农机示范单位、东营市农机安全示范社、东营市五星级农机合作社、全国统防统治星级服务组织、东营市优秀农民合作社、东营市市级农民合作示范社、山东省农业生产性组织省级示范组织、山东省省级农民合作社示范社等。

二、主要经验做法

（一）规范管理体系，确保合作社稳健发展

为了进一步提高合作社内部工作效能，提升作业人员整体工作能力，切实增强合作组织综合服务竞争力，在强练内功，外优环境中不断加强内部规范化建设，逐步规范了各项管理制度，创建科学规范的管理体系，包括安全生产制度、农机管理制度上墙等，使合作社运营更趋健康合理。合作社具有完善的台账体系、公开的收费标准、严格的操作规程，制定了相应的安全操作手册、标准服务合同、人员聘用协议及培训制度等，统一发放服装，农机植保装备粘贴统一标识，规范服务标准。合作社积极吸纳人才，现有大专以上学历人员 5 名，提高了合作社管理和服务水平，达到东营市"五星级"农机合作社验收标准。

（二）科学发展优势业务亮点—统防统治高效植保业务

绿金田农机专业合作社现有专业高效植保队伍 33 人，参与从业人员 155 人，设 6 个小分队，拥有自走式喷杆喷雾机 24 台、植保无人机 21 架，检验检测室 50 米^2，配套服务车辆 15 部；专业化程度高，有规范的高效植保服务专业流程，是在农业农村部门备案的统防统治服务组织。合作社发挥植保机械多、技术先进的优势，承接政府统防统治高效植保业务，采取立体防治方式即单独喷杆和飞机防治方式相结合模式，确保无漏喷现象发生，做好区域确定、面积核定、防效调查、验收等工作，提高作业质量和防治效果。2019—2020 年完成高效植保面积 22 万亩次，其中承接政府统防统

治 1.8 万亩次，净利润 65 万元。近两年上级部门对绿金田农机专业合作社的服务对象满意度、防控技术先进性、与当地植保部门协调性、纠纷处理、经营和仓储条件进行测评，均评价很好。

（三）探索统防统治和其他农机业务结合新模式

针对土地集约化、现代化种植模式发展现状，合作社不断调查研究，努力扩大统防统治业务和其他农机业务结合业务范围，积极探索销售、维修、培训、防治多元化新型现代农业服务模式，为农户或农场提供农业生产全程机械化服务即全程托管，包括收（收割＋秸秆还田）、种（耕、旋、播、施肥、肥料）、机防（飞防＋地面机械），把此项业务作为合作社重点业务发展，同时也为农户（或农场）提供分项选择灵活服务模式。

合作社拥有意大利进口精量播种机械 6 台（套）、合资精准施肥机械 4 台（套）、美国产"约翰迪尔"大型收割机械 2 台（套），能承接大型农场、种植大户的主要农作物生产全程机械化作业合同，对主要农作物进行精量播种并精准施肥，用大型收割机械高质高效进行收割作业，数量和质量提高明显。合作社和东营神州澳亚、四川合江富兴、万亩花海油菜花种植工程办公室等签订大田托管合同，进行播种、收获、植保等全方位作业服务，面积达 3.1 万亩。合作社还大力发展跨区作业业务，先后到江苏省、河南省及本省的聊城、滨州、潍坊、东营等地作业，2019—2020 年完成跨区作业面积 20 万亩，作业产值 420 万元。

三、工作体会及规划

（一）工作体会

合作社始终坚持"以合作社为平台、以技术服务为先导、以农民受益为准则"，一直倾心服务于农业生产，工作中不断将实用技术和科学指导结合起来，将优质服务与对象满意度挂靠起来，将长远效果与长远发展统筹起来，创新生产经营模式，促进农业增效、农民增收。真正实现农业全程机械化生产，才能减轻农民的体力，解放劳动力，提高农业现代化水平。合作社积极参与政府采购项目，农业农村部门提供了大力技术指导和政策扶持，为合作社发展奠定了基础及活力。自成立以来，合作社按照"立足大农业、发展大农机、服务新农村"的任务目标，在上级各部门的领导与支持下，紧紧围绕现代农业发展要求，以科技创新为动力，以农民增收为核心，以安全生产为保障，依靠先进的农业机械，优秀的人才储备，创建"五有"合作社，大力搞好社会化服务。在安全生产、统防统治、大田托管、跨区作业等工作中实现了新跨越。

（二）工作规划

合作社要继续把惠农、兴农、帮助农民发家致富为己任，在近年来出资 10 万元，培训 1 800 余人次的基础上，进一步积极组织农户、农场主到先进农业企业参观学习，邀请农业生产专家到合作社开展培训，免费为农户传授病虫害防治、田间管理等知识，在病虫害多发季节，及时联系邀请专家到农户田间地头手把手指导，为农户增产增收奠定基础，助推乡村振兴工作的开展。两年内重点做好三个方面工作：一是再聘用专业飞防技术人员 5 名，大力提高统防统治高效植保水平；二是进一步拓宽业务范围，联合其他有专业统防统治能力的合作社成立联合植保队伍，大力开展跨区作业业务，实现多方合作共赢；三是购进更先进植保无人机 6 架，大型拖拉机 4 台（套），配齐进口精量播种机、精准施肥机、先进耕具等设备。努力提升合作社竞争力，加强规范化管理，充分发挥机械大、全、精的优势，在大田托管、土地整理、统防统治、跨区作业等方面再做大文章，努力提升农业生产全程机械化社会化服务能力。

金丰惠农 尽在"掌"握

——东营市东营区金丰家庭农场

东营区金丰家庭农场是东营市首家家庭农场，成立于 2014 年 7 月。农场总规模 7 500 亩，种植区面积 6 500 亩，固定资产 2 600 万元，年生产总值 2 200 万元，专用农机 161 台（套），其中植保设备 35 台（套），有专业农机手 21 人。近年来，农场通过广泛开展农机农技、统防统治和农产品质检、土壤检测等服务，带动了区域种植模式的转型升级，引领了传统农业向现代农业转变、传统农民向职业农民转变。近年来，农场先后被认定为省级统防统治示范基地、省示范家庭农场、省新型职业农民乡村振兴示范站、省新型职业农民培育实训基地，产品获得农业农村部绿色产品认证。

一、致力于为农服务，着力打造"掌上农业"

坚持"服务农村、富裕农民、构建农业经营新模式"理念，发挥农场设备、技术和规模优势，创建金丰农业社会化服务综合平台，广泛开展农业生产社会化服务。一是打造农业社会化服务平台。经过深入调查，全面把握农业、农机经营业户需求，深度整合区域各类新型农业经营主体，充分利用数字化、智慧化科技成果和现代媒体技术，构建"掌上农业"服务平台，依托该平台，针对当地农业生产和新型经营主体需求，打造了一系列"菜单式""保姆型"全方位服务项目，对当地土地规模化流转，提高农业经营的组织化，传播和培养现代农业理念，发展新型现代农业发挥了重要作用。二是充分运用现代科技。在统防统治工作中，利用现代物联网技术和大数据成果，构建起了以农场种植区为中心，辐射周边 7.8

万亩农田的植保服务网络，主动引入物理防治和生物防治相结合的统防统治模式，实现了植保作业的过程可视、成果可控、生态环保。三是全面提升植保水平。制定机械使用管理办法、机具作业质量标准、操作规程和安全作业规程，适时更新设备，实现了耕作、播种、施肥、植保、收割、烘干、贮藏的农业生产全程机械化。相继承办了东营区飞防大赛等植保技术提升活动，农机手作业水平不断提高，保证了农业植保作业需求，赢得了客户赞誉。

二、致力于示范引领，着力推进科技兴农

金丰家庭农场着力探索农业现代化、规模化的新模式，带动了当地农业生产方式转变。一是坚持农业科技化，做好科技示范。相继承担了小麦宽幅播种技术、小麦规范化播种技术的试验示范和推广普及工作，带动当地年实现增收 300 万元，并探索总结了一整套适宜于本地区的小麦种植管理技术。加强与科技院校的科技合作，农场是青岛农业大学乡村振兴专家服务站，承担省种子站 50 余种小麦优良品种试种工作，开展高产玉米生产区创建，与中胜公司合作建设富硒小麦种植推广基地，推动了农业新技术、新品种的推广。二是坚持农业机械化，发展现代农业。161 台（套）农业专用机械，覆盖了耕、播、管、收全时段，成为农场发展壮大的坚实支撑，也为开展农业社会化服务创造了条件。三是坚持产业规模化，打造新型产业模式。相继流转了周边 7 个村庄的 7 500 亩农田，通过开展规模流转土地，实施产业化经营，促进了当地农业生产方式的转变。

三、致力于产业升级，着力完善产业链条

农场把推动产业升级，作为发挥引领示范作用的重要工作内容，进一步延伸产业链条，提高生产效益。一是新上粮食仓储和深加工项目，仓容 1.2 万吨，日加工面粉 150 吨，提高了农场经营水

平和效益。二是开展玉米高产示范区创建工作，加强田间管理，适时聘请专家开展技术指导和培训，优化种植模式。三是加强农技和实用技术培训，与农业、人力和科技部门联合开展培训，先后培训400人次。更新检测室、质检室等功能室设备，提升涉农信息服务平台运行水平，以农场500亩新型农业示范区、新型农民培训室等为平台，大力开展新农技培训，培养新型职业农民，为推进产业化发展，助力乡村振兴，提供了更加有力的科技和人才支撑。

下一步，主要做好以下几个方面的工作。一是大力实施科技兴农工程，引导更多科技力量支持农场发展，提升生产管理技术和良种使用水平，实现农业的科技赋能。二是加快提升农业社会化服务平台，充分整合农场规模、设备、技术和人才资源，以农业社会化服务平台建设为契机，提高开展农技、农机和涉农信息服务水平，主动融入乡村振兴工作，为实现富农兴镇贡献力量。三是加快农场产业化发展，扩大农场规模，三年内生产总面积达到1万亩，大力开展小麦、玉米新品试种推广，优化种植模式，新上馒头、面条等粮食深加工项目，形成自有系列产品，拓宽农场经营发展空间。四是要突出做好新型职业农民培育工作，对接青岛农业大学等科研院校，来农场设立培训基地，引入新技术、新品种，提高农业效益。争取科技、人社等政府部门的支持，打造专家服务基地，根据农事农时需要，做好农业科技服务工作，注重实用技术培训，围绕农业生产和农民务工需求，重点开展田间管理、农机作业等实用技术培训，使更多拥有一技之长的农民有更好的就业机会，促进新型农民自主创业，实现收入水平大幅提升。

全程全面服务为民　智能智慧提质增效
打造一流社会化服务组织
——利津县春喜农机农民专业合作社

利津县位于山东省东北部，渤海西南岸，黄河近口段左侧。东依黄河，东北濒临渤海，东与垦利区、东营区为邻，南与博兴县隔河相望，西与滨州市滨城区、沾化区接壤，北与河口区相交。全县耕地面积80多万亩，全县粮食作物主要以小麦、棉花、玉米、瓜菜等为主。利津县春喜农机农民专业合作社是新时代的农业经营主体，在农业生产社会化服务体系建设中，敢闯敢试、敢为人先，率先推出"保本租金十收益分红"的土地流转模式，建立了全省最大的机采棉试验示范基地，围绕农业生产产前、产中、产后全过程积极开展综合农事服务。通过全程全面服务、智能智慧融入，不断提升合作社的服务质量和水平，实现了农业的提质增效。

一、基本情况

利津县春喜农机农民专业合作社，于2013年3月18日注册成立，注册资金518万元，位于东营市利津县盐窝镇王洼村，拥有资产2 000多万元，固定资产1 500万元。经过多年发展，合作社已发展社员262人，有大、中型拖拉机42台，大型联合收割机12台，自走式凯斯采棉机1台，高地隙喷杆喷雾机15台，多旋翼植保机26架，有播种机、中耕机、扶苗机、土地深松机械等配套农机具85台。合作社有车库3 500多米²，维修车间300米²，办公场所一处，合作社章程、财务制度、管理制度健全规范。合作社先后被认定为"全国农机合作社示范社""全国统防统治星级服务组织"

"全国农民合作社 500 强""山东省级合作示范社""山东省科技示范户""山东省农业生产性服务省级示范组织""山东'新六产'农业经营示范主体""山东省农业经营服务组织农机安全生产管理示范单位",入选全国"全程机械化＋综合农事服务中心典型"案例。

二、主要经营和做法

(一)农业服务,先利其器

合作社深知高质高效农业机械的重要性,理事长多次参加大型农机展,寻找选进适用、高性能机械,咨询省、市、县农机专家,立足实际选择优质高效农业机械购置 180 马力以上拖拉机 25 台、大型翻转犁、圆盘耙、激光平地机等配套机械 28 台,自动驾驶系统 7 台,大型采棉机 1 台,高效自走式植保机械 15 台,植保无人机 26 架,秸秆打捆机 8 台等,农机服务能力有了较大提升。

(二)制度保障,规范运营

完善财务管理、车辆管理、社员管理、安全生产等制度,用制度来规范和约束社员行为。合作社理事长多次参加省市县组织的培训学习,多次到外地学习先进管理经验,不断提升经营管理水平。邀请合作社专家亲临指导,现场"把脉开药方",提出优质合理建议,为合作社发展指明了方向。有了明确的发展方向,坚持规范化运营管理,合作社不断发展壮大。

(三)注重培训,增强技能

合作社组织 26 名农机手多次参加农机手实用技术培训、新型农民培训、农机技能竞赛、植保专业培训,打造了一流植保专业防治队伍,日防治能力 1 万亩以上,合作社建立了培训基地,新建了培训教室 100 多米^2,电脑、大型显示屏等培训设备齐全,邀请省、市、县农机农艺专家到合作社讲课 20 多次,提升了合作社社员技术水平。

(四)实行订单作业,全程机械服务

农机能手规范组织起来,创新推行土地流转、托管、订单作业一条龙服务等模式,突出解决土地撂荒、零散种植产出率低下、土地盐碱化程度高、种地入不敷出等问题。2014 年,合作社流转周边村土地 2 200 亩,购进全省第一台凯斯采棉机,建成了全省规模最大的机采棉试验示范基地,成为全省农机合作社推进会观摩点之一。合作社在承接业务时,以全程托管作业为主,年初签订作业订单。耕地、整地、播种、中耕、施肥、植保、收获、秸秆处理等作业全部由合作社承担,小麦、玉米、棉花收获后,根据农户意愿,由合作社统一烘干销售。全程托管小麦、玉米 2.6 万亩、棉花 2.15 万亩,年作业面积 15 万亩,直接服务农户 1 500 多户,每年统防统治面积 50 万亩次。

(五)发展综合农事,解决单户难题,做到统防统治

1. 统一信息服务

在县农业农村局的支持下,在合作社建设了益农信息社,开展公益、便民、电子商务、培训体验等服务,有效解决信息服务进村"最后一公里"和农村特色优势资源出村"最初一公里"问题。通过全方位的信息供应和共享,一站式解决农民生产、生活等相关问题,使之成为传播科技、培训农民传承文化、融合发展、服务群众生产生活的新阵地。通过信息社,合作社快速解决植保无人机购进、操作、协作作业问题,新增 12 台植保无人机,分区分片实施飞防作业,进一步实现了专业化、无缝隙覆盖服务。

2. 统一经营管理

依托县供销社,合作社建设了为农服务中心,采取"统一生产资料、统一技术服务、统一种植模式、统田间管理、统一产品销售"的经营模式,实现种有技术、管有制度、售有保障,解决了一家一户办不了、办不好、办了不合算的关键环节、重大技术难题。比如,生产资料的供应上,合作社全面打通与生产企业的直销渠

道，减去了以前的运输销售各环节，有效降低了生产成本。比如，盐碱地棉花种植上，农户忙活一年，除去农资成本，不算人工费，一亩地最多收益 200 元，效益很低，合作社推出"保本租金＋收益分红"的土地流转模式，周边多数农户愿意把土地流转给合作社，推动了土地适度规模经营。合作社对土地统一经营管理，采取全程机械化作业，节省了人工成本，增加了规模种植效益，每亩地能净收入 160 元。

聚焦未来 为农业高质量发展保驾护航

——招远市顺丰植保专业合作社

招远市顺丰植保专业合作社成立于 2013 年 12 月，注册资金 300 万元，是招远市太阳农资连锁经营有限公司领办的农业社会化服务组织，配有无人机、远射程风送式喷雾机、喷杆喷雾机、风送式果林机等喷防机械 76 台（套），配药车间（站）3 处，药液配送车 3 台，药械库 1 200 米^2，农机大院 2 474 米^2。2014 年 3 月以来，沿着"植保站开方，合作社服务"的运作路径，开始实施粮油、果树等多种作物的病虫害专业化统防统治，并不断拓展服务领域，现已发展成为集统防统治、农资供应、耕种收贮、试验示范、金融互助、技术培训于一体的综合型社会化服务组织。

一、发挥小麦条锈病、草地贪夜蛾等重大病虫防控主力军作用

2019 年以来，顺丰植保一直承担小麦条锈病、草地贪夜蛾等重大病虫的防控任务。2020 年，借鉴以往"一喷三防"工作的经验教训，创新服务形式，改变政府采购药剂发放到户的方式为直接发放药液到户，实施政府购买服务，借鉴"医生＋护士"医疗路径，植保站开方，顺丰植保按照施药用药方案，统一配制药液，将药液配送到村、发放到户；适合大型机械作业的地块，利用远射程风送喷雾机、无人机等高效施药机械进行统防统治；不具备机械作业条件的分散零星地块，农户按照实有种植面积领取药液，自行实施喷防。2020 年，累计完成小麦、玉米病虫害专业化统防统治 8.18 万亩。

二、发挥苹果、葡萄等园艺作物病虫害统防统治引领作用

2018 年，合作社统防统治服务面积达 7.74 万亩次，其中果树 3.62 万亩次，助农增收 1 800 万元。2017 年和 2018 年圆满完成招远市花生"一控双增"3.75 万亩。2019 年，合作社统防统治服务面积达 9.62 万亩次。2020 年，合作社统防统治服务面积达 23.27 万亩次。

三、拓宽服务领域

（一）机械化耕种收服务

植保合作社拥有大型深耕拖拉机 4 台，耕、耢、耙、种等配套机械设备 30 多台。一是流转毕郭镇官地村土地 535.6 亩，实施机械化耕种，种植土豆、大姜、花生、小麦等粮油蔬菜。二是创建小麦省级粮食高产创建示范项目，项目示范区包括毕郭镇滕家村等 8 个村土地，共 1 145.13 亩，对项目区统一实行机械化耕种，为农民节本增效 180 多万元。三是为全市 16 家种粮大户、家庭农场和专业合作社提供小麦、玉米、花生等作物耕、种、收托管服务，累计服务 4 480 亩。

（二）土地流转和托管服务

流转毕郭镇官地村土地 535.6 亩，采用水肥一体化技术，肥料节省 30%～50%，比传统灌溉节水 50% 以上，作物增产 10%～20%，大量节省人工费用，节水省肥效果突出。真正达到了节水省肥、增产提质的目的。2017 年，联合山东省农业厅开展花生绿色高产高效创建项目；2016 年 10 月，基地生产的马铃薯、生姜、小麦分别获得山东省农产品无公害认定；2017 年 12 月，基地花生获得山东省农产品无公害认证。

(三) 金融互助业务

2015 年，被确定为首批山东省农民专业合作社信用互助业务试点单位。合作社实施"承诺出资"运营模式，坚持"五坚持"和"五禁止"。2016 年和 2017 年先后两次增加社员，目前，参与互助社员 98 户，承诺出资 300 万元，已发放信用互助金 82 笔，共 223 万元。

(四) 农民技术培训

合作社依托自身专家优势，搭建农企合作平台，采取定向培训、集中办班和深入田间地头现场指导等形式，大力开展农民科技培训，宣传各级党委政府的惠农政策，讲解农业结构调整方向和农作物种植管理技术。通过面对面传知识、手把手教技术，农民对科学施肥、精准用药的认识有了很大提高。2014 年，合作社被招远市农业农村局授予"新型职业农民培训基地"。合作社累计培训场次 925 次，培育新型职业农民 911 人，农村实用人才 2.36 万人。

(五) 生产资料供应服务

开拓新型农资销售渠道，借助电商平台，农户享受到了足不出户就能购买农资的便利。通过电商平台，农户也可以向专家咨询相关问题，解决生产生活中遇到的难题，为农户科学管理提供技术支持，让农民感受到互联网带来的便捷与精彩。

四、工作成效

招远市顺丰植保专业合作社从病虫害专业化统防统治、机械化耕种收、土地流转、土地托管服务、生产资料供应、信用互助、技术培训六个方面进行全方位建设。一是提高农业机械化程度，降低劳动强度，提高劳动效率。二是肥料农药使用更加合理科学、用量下降。三是加强对生产资料的管控，降低不合格农业投入品使用，保证农产品质量安全，提高品牌农产品的信誉度和市场声誉。四是开展农民技术培训，提升一线农民操作技能和管理水平。五是通过开展智能化信用互助，缓解农民生产资金压力，助推农民共同致富。六是通过智能化线上销售，拓宽农产品销售渠道，使销售更顺畅、更便捷，为增加农民收入开辟新的渠道。

合作社 2015 年 3 月被山东省农业厅评为"专业化统防统治优秀服务组织"；2016 年 6 月被中华全国供销合作总社评为"农民专业合作社示范社"；2017 年，在招远市现代农业重点项目中合作社被认定为"农业专业合作社示范社"；先后协助承办山东省"一控双增"现场会、农果园机械化病虫防治、机械化施肥现场会；全国果园机械化统防统治现场观摩会；2019 年被全国农业技术推广协会认定为"全国统防统治星级服务组织"。

开拓创新　大力推行农作物
病虫害专业化统防统治

——莱州市祝家植保专业合作社

近年来，在上级的正确领导和大力支持下，莱州市祝家植保专业合作社坚持"预防为主、综合防治"的方针，认真贯彻"科学植保、公共植保、绿色植保"理念，积极探索，大胆创新，诚信经营，科学施策，大力推行农作物病虫害专业化统防统治，取得一定成效。

一、基本情况

莱州市祝家植保专业合作社位于莱州市沙河镇，胶东半岛西北部，烟台、青岛、潍坊三市交界。全镇辖 116 个村，农作物种植面积 20.4 万亩，常住人口 10.6 万人，是全国重点镇、山东省中心镇。主要粮油作物有小麦、玉米、花生等，小麦、玉米轮作一年两熟。主要经济作物有苹果、梨、桃、大樱桃、葡萄等果树和大姜、洋葱、韭菜等蔬菜。

莱州市祝家植保专业合作社前身是祝家农药经销部，经销部开始主要经营周边农民需要的农药、化肥等生产资料，在农资经营的过程中，发现部分农民有病虫防治服务的需求，但需求分散零星，为了满足他们的需求，经销部利用自制的喷雾器为他们服务。经过 2 年的实践，他们认为广大农户进行防治服务有很大的市场空间，特别是近些年种地农民老龄化问题日益严重，繁重的体力劳动、较高的技术要求以及人们对健康和环境的关注，专业化统防统治势在必行。为此，依托莱州市祝家植保机防队、莱州市元玺农果专业合作社和祝家农药经销部，采取"带土地入社、带农机入社、带水利设施入社、带资金入社"的方式，广泛吸纳农机、水利设施所有者、分散的防治人员、种地大户和周边农户为社员，组建成立了莱州市祝家植保专业合作社。

目前合作社主要在小麦、玉米上开展专业化统防统治工作。服务范围覆盖周边 3 个镇，118 个村庄，服务农户 5.30 万户，防治面积 10.03 万亩，年防治面积达 50.15 万亩次。合作社注册资本 5 万元，现拥有固定资产 583.6 万元，自有流动资金 40 万元，管理人员 5 人、技术人员 10 人、防治人员 162 人，合作社现入社人员 2 856 人（户）。合作社现有背负式喷雾喷粉机 24 台，动力悬挂式机动喷雾机 3 台，自制机动车喷雾机 35 台，大型自走式高杆喷雾机 3 台，烟雾机 1 台，担架式喷雾机 10 台，无人飞机 1 套，冲气机 3 部，洗车泵 2 台，1204、1304、1604、1804、2004 等大型深耕、深松拖拉机 8 台，中型 100 马力拖拉机 10 台，佳多自动虫情测报灯 1 套，太阳能测报灯 2 套，物联网设备 1 套，气象检测设备 1 套，交通运输车 5 部及部分备用药泵和农药，日作业能力 8 100 亩。

二、工作开展情况

（一）争取上级支持，加快推进专业化统防统治工作开展

近年来，莱州市祝家植保专业合作社认识到专业化统防统治是现代农业发展的重要内容，是经济、社会发展的必然趋势，是利国利民的好事。但是工作开展晚，发展慢，问题多，困难大，离不开各级政府和有关部门的扶持、支持和指导。从合作社成立至今，省、市植保部门从药械、农药和技术上给予合作社很大的支持，免费扶持各种药械 30 余台（套）；华盛中天、三禾永佳等药械企业及时上门技术指导和维修服务；农业农村部、省植保总站、烟台市及莱州市植保部门领导和专家多次到合作社进行指导，提出了许多宝贵意见和建议，促进了专业化统防统治工作的健康快速发展。合作社先后承担了全国专业化统防统治示范县项目和山东省重大病虫害

统防统治示范项目，先后被认定为国家统防统治示范组织、百强服务组织、星级示范组织、省优秀服务组织、市统防统治先进单位、省生态循环示范基地等。

（二）加大宣传力度，提高广大农民对专业化统防统治的认识

和一家一户防病治虫难一样，对一家一户分散经营的农户开展统防统治也不是件容易的事。合作社充分利用电视、广播、发放明白纸和召开宣传、培训会议等方式，广泛宣传统防统治的好处，提高广大农民的认识。同时，在病虫害防治关键时期和重大病虫害发生时期，积极开展统防统治示范，让广大农民实实在在地看到统防统治的效果，农民的认识程度不断提高，统防统治工作逐渐稳步开展。

（三）搞好技术培训，提高专业化防治人员技术水平

和其他行业一样，质量就是生命，搞好统防统治工作，防治人员的技术水平至关重要。为此，合作社通过走出去和请进来的办法，对防治人员开展技术培训，提高他们的技术水平，确保统防统治的质量和效果，力争不出现质量事故，提高合作社的信誉。合作社组织技术人员参加各级植保部门举办的统防统治培训班，并对所有防治人员进行理论和实践的培训。同时，根据农时和病虫害发生情况，邀请植保部门专家和药械厂家技术人员到实地进行培训指导，防治人员技术水平不断提高。

（四）创新机制体制，促进统防统治工作健康发展

多年来，合作社逐步制定完善了章程和有关规章制度，不断吸纳发展社员，壮大合作社队伍，严格财务管理，制定合理的收入分配办法，调动社员的积极性，保障了合作社的有序运转。在具体工作中，将服务区域分设129处服务站，每个服务站设1名负责人，2~3名联络员，一般由村干部担任，主要任务是组织发动，劳务费每次每亩1元；下设218个防治片，每个防治片设负责人1人，

由本社社员或村民代表或有影响的能力人员，责任为宣传发动、签订协议、验收签字、收费结算，劳务费每次每亩 1 元；每个防治片划分 126 个防治区，根据病虫发生情况，126 个防治区分别由 126 个防治队按区域有计划地进行统防统治。在病虫害大发生季节或突击性防治时，临时招聘有农机的农户和人员，合作社安排技术人员进行指导，每次每亩收取 1 元管理费。在合作社利润分配方面，年底将当年收入扣除各项开支和费用，由理事会提出分配方案，经社员代表大会讨论通过后进行合理分配，以充分调动广大社员的积极性。

（五）做好工作结合，加快植保技术推广与统防统治的共同发展

注重开展植保技术推广与统防统治的有机结合。一是在莱州市植保站的扶持指导下，建立了基层虫情测报点，及时监测病虫发生情况，为统防统治工作提供科学依据。二是以农药经销部为依托，使用大包装农药进行统防统治，降低统防统治成本。三是引进新农药、新技术，提高防治效果。四是开展重大病虫统防统治示范，带动统防统治工作健康发展。

（六）拓宽服务领域，打好实现农业现代化的基础

村庄的密度、土地的零散，制约了统防统治的时间性、规模化、标准化的进程。为了把小农户变大户，小地块变大地块，合作社组织动员农户成立家庭农场，实行以土地流转、土地托管为主体的综合经营模式。2017 年开始，不断推进农业机械化全程全面高质高效转型升级，发挥农机装备支撑、技术引领、人才培育、农艺配套、劳动替代等示范作用。积极争取承担政府项目，每年进行 2.8 万亩的秸秆还田（深耕）、灭茬播种及 8 000 亩的秸秆储青（饲料）和秸秆堆肥等服务示范工作。通过项目全方位的社会化服务示范试验，病、虫、草能减少 50%，特别是对小麦的茎基腐病有明显预防效果，每年每亩节约成本 20 元左右。通过这些努力，推进了农作物大面积成片种植和统防统治的顺利进行，加快了病虫防治中互联网、物联网、大数据等智能化技术应用。

三、下步工作打算

（一）强化宣传

通过广泛的宣传发动，提高广大农民的专业化统防统治意识和科学安全用药水平，进一步扩大统防统治规模，提高防治水平。

（二）加强监测

搞好病虫害监测，为专业化统防统治提供依据。合作社作为村级病虫监测点，要充分利用自动虫情测报灯及各种测报技术，掌握主要病虫害形态及其发生规律，为专业化防治提供依据。

（三）提升装备

因为统防统治工作季节性强、防治时间短，每次防治时间5～7天，全年累计30～40天，机防手年总收入低，人员难固定。为此，要针对农作物"耕、播、管、收"四个环节，解决农机、农艺配套问题。根据生产需要，配置一机多用的大、中型机械，达到能耕、能播、能管、能收的综合利用，提高机械的利用率和经济效益。

（四）加强培训

积极参加上级业务部门举办的各种培训，提高业务水平，特别要学习掌握新型药械的使用和维修，科学安全用药技术，为搞好统防统治工作奠定基础。

（五）提升规模

规范管理，扩大规模，进一步提高服务能力，创造良好的社会效益和经济效益。计划近年内，成立"专业合作联合社"，争取统防统治覆盖本镇，辐射周边5个镇区，防治面积达到30万亩次，整建制全承包20万亩次。

特色化服务　持续化推进

——招远市海达植保合作社

招远市海达植保专业合作社于 2011 年 5 月由大户陈家村委会牵头成立，经过不断实践探索，病虫害统防统治范围由小麦、玉米、花生等粮油作物拓展到苹果、葡萄等园艺作物，防治节点由单一"代防代治"转向全生育期绿色防控，被山东省农业厅评为"全省农作物病虫害专业化统防统治十佳服务组织"。2014—2020 年，累计完成小麦、玉米、果树等病虫害统防统治 82.8 万亩次。

一、服务方式

（一）植保站开方，合作社服务

招远市海达植保专业合作社是"村社合一"式专业化防治组织。2014 年以来，沿着"植保站开方，合作社服务"的运作路径，开展契约式有偿服务，连年为大户庄园 3 500 亩苹果、葡萄等园艺作物及 5 000 亩小麦、玉米、花生等粮油作物实施病虫害绿色防控及专业化统防统治，并在本市张星、齐山等镇开展跨区作业。

（二）统防为主，分防为辅

大户庄园作为乡村振兴齐鲁样板示范区，其苹果、葡萄等园艺作物及小麦、玉米、花生等粮油作物实行合作社统一领导下的家庭农场主负责制，全程委托海达植保专业合作社统一开展病虫害防治服务。该园区地处胶东丘陵，地形地貌复杂，且多以 20～30 亩为一个基本单元，各个农场的地块面积不等，统防统治的难度较大。为此，海达植保专业合作社采取"统防为主，分防为辅"方式，地块整齐、面积较大、易于机械作业的，由合作社统一组织防治；地块分散、面积较小、不易于机械作业的，合作社统一配制药液送至地头，由农场主按实际用量领取药液自行防治。

二、服务内容

坚持"绿色植保，公共植保"主线，针对苹果和葡萄病虫害发生情况，从健身栽培、理化诱控、药剂防治等各个环节，开展春季清树清园至果实采收全生育期栽培管理与病虫害绿色防控服务。

三、主要做法

(一)坚持防治结合、绿色生态宗旨

合作社以农药、化肥"零增长"为目标、以"保护绿水青山，实现绿色生态发展"为己任，以大户庄园 100 多个家庭农场为服务对象，打破村户界限，整建制应用频振式电子杀虫灯、太阳能杀虫灯等光诱技术，绿盲蝽、金纹细蛾、桃小食心虫等性诱技术，黄、蓝板色诱技术，以及糖醋液、百乐宝澳宝丽等食诱技术，梨小食心虫迷向技术，捕食螨天敌控害技术，功能植物趋避害虫技术，自然生草涵养保护天敌技术，防虫网物理阻隔技术，遮雨棚防灾控害技术等，压低田间病虫害基数；采用生物源、矿物源农药与化学农药混用减施技术，无人机、风送式果林机新药械减量用药技术等，化学农药使用频率降低 15%、使用量减少 30% 以上。

(二)抓住专业化、流程化、高效化三个着力点

1. 队伍专业化

合作社现有大型多旋翼植保无人机、风送式履带果林喷雾机、自走式水旱两用喷杆喷雾机、拖挂式喷杆喷雾机、推拉式喷雾机、担架式喷雾机等大中型施药机械 60 台（套）、药肥配送车 2 辆、拖拉机 4 台以及其他辅助设备，拥有配药车间 3 座，配备专职机械师

3名、植保员6名、机防手30名，日作业能力5 500亩，是招之即来、来之能战的专业化植保服务组织。

2. 工作流程化

遵循"诊断-开方-施药-评价"流程。植保站对病虫害发生情况进行现场会诊、开方。合作社根据施药方案，调配施药机械，及时用药。施药后植保站、合作社、服务对象三方检查确认防治效果。

3. 防治高效化

多旋翼植保无人机、远射程风送式施药机、风送式果林专用喷雾机等先进装备，喷幅宽、雾滴细、作业效率高，特别是风送式喷雾机能够适用于矮砧密植型、规模集约型的现代化果园，作业效率提高5倍以上。而且它不是仅靠液泵的压力使药液雾化，而是依靠风机产生强大的气流将雾滴吹送至果树的各个部位，风机的高速气流有助于雾滴穿透茂密的果树枝叶，促使叶片翻动，提高了药液附着率，防效提高16%，化学农药使用量减少30%。

（三）兼顾经济、生态、社会效益

1. 经济效益

实施病虫害专业化统防统治，苹果、葡萄用药成本降低20%左右，省工50%，全生育期亩节约防治成本90元，烂果、虫果率降低5.6%，优质果率提高6.8%，效益增加10%；小麦用药成本减少15.6%，增产11.2%。

2. 社会效益

专业化统防统治有效缓解农村劳动力短缺的矛盾，也使务农妇女、老人从繁重的体力劳动中摆脱出来。

3. 生态效益

专业化统防统治优先选用高效、低毒、低残留农药，技术到位、靶标明确、药剂对路、喷药质量提高，并做到轮换交替用药，从源头上进行控制用药，避免禁限用农药的使用，剩余药液和农药包装废弃物集中回收处理，减少对周边自然环境的影响。

（四）突出管理、技术、服务、机制四个创新

1. 管理创新

着重强化服务队伍建设和服务质量管理。为解决机防手工作强度大、风险高等问题，合作社开展了"星级"机防手评选活动，星级机防手与合作社中层管理人员工资档次一致，且年底根据工作量和绩效发放奖金，调动机防人员积极性。为解决机手年龄偏大、队伍难稳定问题，建立"师徒"制，实行"连带责任"，师徒绩效"捆绑考核"，以老带新，确保机防手不断档。

2. 技术创新

以烟台农科院、烟台果树站、招远果业总站、招远农业技术推广中心为技术依托单位，并聘请山东农业大学、青岛农业大学、山东省果树研究所、青岛农科院教授专家组成顾问团，加强技术交流与集成应用，技术创新能力不断增强。

3. 服务创新

从"菜单式"到"保姆式"契约服务。菜单式即提出多种防治方案，委托方根据自身实际，进行"点菜"选择。保姆式是委托方将全程植保托管给合作社。

4. 机制创新

专业化统防统治与联防联控相结合。地块相对集中、面积较大、适宜大中型器械的区域，由合作社集中施药；地块分散、面积较小、不适宜机械作业的区域，由农户租用合作社的小型器械自行完成施药过程。

创新服务方式 大力推进植保
专业合作社可持续发展

——邹城市禾润植保专业合作社

一、基本情况

邹城市禾润植物保护专业合作社成立于 2009 年 3 月，注册资金 449 万元，是经工商管理部门注册登记的专业化病虫害防治组织。合作社现有加盟社员 1 079 户，专业防治队员 150 人，下设 33 个村级服务站，6 个病虫防治服务队，5 个农机作业服务队，拥有专用植保飞机 15 架，自走式高杆喷雾机 10 台，小麦玉米播种机 75 台，日作业能力达到 7 000 亩，2020 年统防统治作业面积 39 万亩。合作社先后被认定为"全国植保专业化统防统治百强服务组织""全国农民专业合作社示范社""山东省农民合作社省级示范社""山东省植保专业化优秀服务组织""全国统防统治星级服务组织"。

二、主要做法

（一）积极争取政策扶持，不断加大资金投入是合作社发展壮大的坚强基石

合作社的发展壮大，离不开各级政府的大力扶持和帮助。近年来，邹城市通过承担"山东省农作物病虫害专业化统防统治能力建设项目""全国农作物病虫害专业化统防统治与绿色防控融合发展示范县建设"等项目，先后扶持合作社植保无人机 7 架、自走式高

秆机动弥雾机等大型植保机械 65 台、防护服 300 余套、新型药剂 15 000 余公斤。同时依靠合作社服务收入，购置自走式高秆机动弥雾机 8 台、播种施肥机 80 台、联合收割机 5 台，实现了播种、施肥、打药、收割一条龙服务。先后参与实施小麦"一喷三防"、玉米"一防双减"、花生"一控双增"、"农机深耕深松"等示范项目 8 项，累计作业面积 42.6 万亩，带动了合作社发展壮大，增强了合作社经济实力。

（二）不断拓展服务内容，创新运作模式是合作社健康发展的动力

为进一步延伸服务链条，提高合作社可持续发展的能力，2018 年以来，采取"合作社＋农户"的服务模式，托管土地 5 500 亩，由合作社负责耕种收＋植保服务，农户负责浇水＋田间日常管理，让大型农业机械与家庭闲散劳动力精细化管理有机结合起来，提高了农机作业效率，增加了作物产量，实现了农户与合作社共赢。目前，合作社所在的北宿镇 52 个村 4.5 万亩农田全部纳入了合作社服务范围，同时还将服务范围延伸到周边的镇街以及微山、任城、兖州、曲阜等县市区，提高了农业重大病虫防治的专业化、组织化、社会化和机械化水平，为农民增产增收提供了保障。积极探索植保服务与良种繁育、配方施肥、农资经营、粮食收购等服务相结合，搞好产前、产中、产后系列化服务，多途径增收，以此不断增强自我造血功能和可持续发展能力。在服务收费和收入分配方式上，本着保本微利，让农户得实惠，让农民增加收益的原则，确保专业化防治组织有活力、有后劲。

（三）搞好宣传，加强培训是提升服务质量、提高工作效率的保证

合作社充分利用农闲季节，农事操作的关键时期，借助政府新型农民职业培训等项目，深入开展对技术骨干、加盟社员及农民的技术培训，培训内容包括高产创建、统防统治、配方施肥、机械维

修与保养、安全用药等。近三年来，先后开展培训活动 65 场次、培训 800 余人次，举办机防手培训班 7 期 300 人，形成了一支业务精、素质高、反应快、服务好的专业化统防统治队伍。为进一步扩大知名度和影响力，合作社组织人员走村访户，送技术、送产品、送服务到田间地头，积极与农民日报、农村大众、济宁日报等新闻媒体合作，宣传介绍工作经验和做法，扩大了合作社的影响力，提高了合作社的知名度和美誉度。

(四) 建立健全规章制度，严格管理，规范运作是合作社可持续发展的保障

经过近 10 年的规范运作，合作社已经建立了完善的社员准入制度、植保药械管理制度、财务管理制度、作业服务有偿收费制度、公积金管理制度及收入分配制度等，设立了理事会、财务部、技术推广部、植保服务队，聘请专业律师担任常年法律顾问。为让加盟社员无后顾之忧，在每个服务村庄设立村级服务站，选定一名懂技术、会管理的种田能手担任站长。在统防统治示范区设置服务标志牌，标明防治对象、防治次数、防治效果、收费标准、违约责任，接受农户监督。同时由合作社专职人员如实填写服务档案、农药进出档案、田间用药记录档案，并对每次的防治对象、防治时间、效果等进行详细的记录，做到有据可查。

三、取得的成效

(一) 合作社为粮食增产农民增收做出了积极贡献，同时自身效益显著增长

近年来，合作社积极参与省、市小麦、玉米、花生等作物重大病虫害防治战役，发挥了启动速度快、作业效率高、防治效果好的优势。2020 年 4 月 30 日，邹城市启动全市 50 万亩小麦条锈病统防统治全覆盖应急防控项目，合作社承担了 20 万亩防治任务，组织植保无人机 30 架，用一周时间全部防治一遍。调查统计，合作

社统防统治示范区防治效果比农民自防区提高 12 个百分点以上，每亩减少用药 10％以上。

（二）促进了农村劳动力转移，增加了农民收入

通过合作社＋农户模式，解决了外出务工人员种地难、防病治虫难的问题，促进了农村劳动力转移，加快了土地流转。同时，部分农村务农中老年人加入合作社后，每人每年可以通过合作社增加收入 10 000～20 000 元，而且随着合作社业务链条的不断延伸和业务范围的扩大，收入还将会进一步提高。

（三）探索出了合作社＋农户土地托管新模式

通过几年的探索和实践，总结摸索出了一套"合作社＋农户"土地托管新模式，解决了过去"土地托管粮食减产""完全托管托了难管"等问题，解决了农村中老年人的就业难、增收难等问题。通过农户参与管理，粮食产量与过去完全托管提高了 15％以上，亩增收 300 元以上。

创新服务模式
大力推进专业化统防统治

——济宁市大粮农业服务有限公司

济宁市大粮农业服务有限公司（以下称济宁大粮）成立于2015年，注册资金1 000万元，是一家集汶上县先锋种植农民专业服务组织、汶上县圣峰种植农民专业服务组织、汶上县庆伟种植农民专业服务组织为一体的股份制服务公司，作为为种地大户、家庭农场、合作社等提供从播种、施药、收获到粮食烘干与销售一条龙服务的综合性服务企业，先后与泰国正大（全球最大饲料企业）、京东金融、世界银行（金融企业）等企业强强联合，并签订战略合作协议，以解决种粮大户粮食销售、农业金融贷款等后顾之忧。本着"为农服务、合作共赢、农业增效、农民增收"的原则，积极探索，勇于创新，不断发展壮大为民服务的新路子，2020年被认定为山东省农业产业化重点龙头企业。

一、基本情况

济宁大粮坐落在汶上县城北3千米处（汶上县郭仓镇驻地），105国道路西，占地48亩，仓库3 900米²，办公楼6 500米²，有可容纳150人的"多媒体农民培训中心"一处，配备了电脑、电视、投影仪、办公桌椅等设备，健全了各项规章制度；建成"大粮综合试验室"一处，主要为种植大户及合作社提供土壤养分含量检测、粮食质量检测等多项公益性服务；硬化地面1万米²，用于粮食的收储与晾晒；建成粮食烘干塔一处，日烘干粮食300余吨；现有新型植保机械3WP-450G型高地隙喷杆喷雾机5台，3WSH-

1000 型自走式水旱两用喷杆喷雾机 5 台，3WZ‐300 型拖挂式喷杆喷雾机 30 台，拥有载药液量大于 10 升的植保无人机 46 架，聘用农艺师 4 人，发展专业服务队员 150 余人，日作业能力达到 1.5 万亩。

二、运作模式

汶上县是一个农业大县，年种植粮食作物 140 多万亩次，近年来，随着全县土地流转面积逐年增大，种植大户不断涌现。由于承包土地多，在病虫害防治中单靠雇工使用背负式喷雾器防病治虫很难达到理想的效果，一是用工成本高，青壮年劳力少，病虫害防治适期短，常造成贻误时机；二是施药器械落后，农药跑冒滴漏浪费流失严重，人工喷药不匀，防治效果差。针对这种现状，公司转变了病虫害防治服务模式，从开展病虫代防代治向承包防治服务进一步拓展，从粮食作物防治服务向蔬菜、果树防治服务拓展，从当季作物承包防治服务向全年作物承包防治服务拓展，着力解决了种植大户防病治虫难题。

在服务方式上实行"公司＋技术部门＋大户"服务模式，坚持政府引导，农民自愿的原则，实行种植大户自愿加盟；公司提供优质良种、配套化肥、高效低毒低残留药剂，植保部门准确及时提供病虫防治信息，以便适时开展统防统治。

在资金运转与粮食销售上，实行"公司＋会员大户＋金融企业＋加工企业"服务模式。公司帮助无资金运转的加盟会员大户与金融企业对接，解决种植大户农业生产资金贷款问题；公司与粮食加工企业签订合同，在作物收获期，按加工企业要求，统一按高于市场价的价格回收会员大户粮食，解决种粮大户粮食销售的问题。

三、主要做法

（一）签订承包合同，合理收取费用

公司与每一个会员大户签订服务合同，实行有偿服务，合同内

容包括服务面积、防治对象、防治效果、收费标准、纠纷处理等。

（二）抓好物资采购，确保农资质量

直接从有资质的生产企业采购大包装农药，减少中间流通环节，降低单位面积的农药成本。

（三）遵照农户意愿，选择防治方式

根据作物不同生长期，公司通过与农户协商，确定各自的防治方式。在小麦、玉米苗期除草、病虫防治时，大型机械与无人机可同时作业，小麦"一喷三防"、玉米大喇叭口期防病治虫时，如无机械操作行，大型机械与无人机可遵照农户意愿开展作业防治，玉米穗期"一防双减"作业时，大型机械无法进地，以无人机作业为主。

（四）加强技术培训，强化内部管理

公司始终把提高防治队员、技术人员的业务知识和操作技能当作头等大事来抓，积极参加由省、市、县组织的农作物病虫害防治技术、新农药介绍及施用方法、药械的使用和维护、农药科学安全使用技术等各种培训班，并利用农闲季节，邀请市、县专家不定期对病虫防治机手、播种机手、技术人员、会员大户进行基础技能培训。为强化管理，公司员工各有分工，各司其职。防治技术人员具体负责承包区内的田间调查，确定防治对象，选择施用药剂；防治队员闲时检修保养药械，忙时积极加入战斗。在每期施药前，由防治组长召开由施药人员参加的短会，布置施药任务，有针对性地介绍本次病虫害特点和用药技术。病虫防治关键期，聘请县农业农村局技术人员到现场进行技术指导，统防统治区安装田间展示牌，悬挂条幅，张贴标语，营造专业化统防统治的良好社会氛围。

（五）搞好绿色防控与专业化统防统治技术融合

通过生态调控、农业防治、生物控制、物理诱杀等技术，选用

高效低毒低残留等环境友好型农药，适时科学开展专业化统防统治，确保农业生产、农产品质量、生态环境三大安全。

四、工作成效

几年来，公司按照"市场运作、自主经营、规范管理、信誉至上"的原则，依靠科技创新，建立机制，强化服务，赢得了广大会员大户的信赖与认可，在每年小麦、玉米化学除草、小麦"一喷三防"、玉米"一防双减"、大豆蔬菜病虫防治等大型统防统治项目中充分发挥了综合服务能力强、作业效率高、防治效果好的优势。据统计，公司年开展小麦、玉米、大豆、蔬菜等各种作物统防统治作业面积近 30 万亩次，有力保障了全县粮食生产、农产品质量安全；由于病虫情预报准确，防治适时，统防区较非统防区防治效果提高 10~15 个百分点，防治次数减少 2 次，化学农药使用量减少 20% 左右，亩防治成本（农药＋用工）节约 18.6 元，同时，统防统治区主要选用高效低毒农药和生物农药，提高了农产品质量，减少了面源污染；2020 年经田间测产统计，统防区较一般防治区小麦平均亩增产 34.8 公斤，玉米平均亩增产 43.5 公斤，经济、社会和生态效益明显。

五、存在的问题及建议

（一）个体农户统防统治难度大

由于个体农户面积少，种植分散，相邻地块之间不统一，无法开展统防统治作业，建议政府通过媒体、广播、明白纸、科技示范户带头示范等方式大力宣传开展统防统治的重大意义，营造专业化统防统治的良好社会氛围。

（二）用工成本增加，农机队伍难以稳定

一是大型机械防治机手都是农村的主要劳动力，喷药、播种、

施肥劳动强度大，而且还存在一定的作业风险；二是无人机操作人员要求条件高，机手必须耐心、细心，学习能力强，能熟练掌握操作技能，对突发事件反应快；三是统防统治时间短，空闲时间较长，高工资水平难以持续，队伍难以稳定。

（三）农机农艺不配套制约了作业效率的提高

比如自走式喷杆喷雾机，在小麦、玉米苗期防治杂草时效果很好，但是茎秆作物生长后期，由于没有预留出机械操作行，难免造成一定的损失。

创新服务
打造高标准农业社会化服务组织
——肥城市金丰粮食专业合作社

山东省肥城市金丰粮食专业合作社于 2009 年 10 月正式成立，是一家集粮食生产、农机社会化服务、农业数据服务、无人机组装、销售、培训及综合应用、农资销售于一体的新型农业服务经营组织，现有成员 800 户，农民成员占 98%，土地流转 2 400 亩，带动周边 3 000 余农户，拥有大型动力机械 40 台、农机具 50 多台（套）、植保无人机 40 台，为周边农户喷洒农药 15 万亩，机械设备总值约达 485 万元。2019 年，合作社经营收入 500 余万元，农户年均增收 1 600 元。

金丰粮食专业合作社始终坚持"科技种植、智慧农业、专业服务、创新发展"的理念，积极探索农商联营，把生产、流通、加工、服务有机结合，在国家扶持新型农业经营主体等惠农政策以及各级政府指导帮助下，逐渐形成了以金丰合作社为中心，其他合作社、龙头企业、高校、农户等主体并驾齐驱，服务于一二三产业融合发展的运作模式，成果显著，先后被认定为国家统防统治星级服务组织、省农业经营服务组织农机安全生产管理示范单位、省级农业生产性服务示范组织、农民专业合作社省级示范社、山东省农业社会化服务组织典型案例。

一、基本情况

（一）生产经营情况

合作社占地 56 000 米^2，社员 561 人，拥有耕、种、管、收、植保等各类农机设备 217 台（套），办公仓储用房 11 000 余米^2，固定资产 1 660 余万元，累计服务作业面积 60 万亩次，合作社年收入达到 400 万元。

1. 设备投入

合作社拥有玉米联合收割机、小麦联合收割机、1 804、1 354 及 1 204 型拖拉机、深耕机、深松机、整地机、镇压机、小麦宽幅播种机、玉米单粒精播机、自走式喷药机、300 型四轮喷药机、远程高秆打药机、烟雾机、无人植保机等农机设备 217 台（套），其中农用无人机 40 架、自走式喷杆喷雾机 16 台、悬挂式喷杆喷雾机 2 台、风送式喷雾机 12 台、背负式喷杆喷雾机 30 台、背负式机动喷雾器 40 台，为合作社发展壮大奠定了坚实的硬件基础。年农机作业（耕种收）30 万亩，病虫草害统防统治作业 40 万亩次以上。

2. 服务效能

合作社通过粮食生产全程绿色社会化服务、农资供应、科技推广等方式，不断提升自身竞争力。一是开展全程社会化服务。充分利用现代化农机设备的优势，在托管地块内实行统一机收、统一秸秆还田、统一深耕（松）、统一旋耕、统一供种、统一播种、统一施肥、统一镇压、统一病虫防治、统一粮食销售"十统一"模式，实现土地种植的耕、种、管、收一条龙作业，每亩成本减少 260～360 元，亩产量提高 50～100 公斤，受到了农民的普遍认可。截至目前，合作社年服务托管土地达到 2 万亩。二是开展农资服务。成立肥城市标准化农资配送中心 1 处和村级配送站点 50 处，除满足农户农资需求外，还定期邀请市内外农业专家现场指导农户农资安全高效使用，2018 年先后举办各类培训 5 次，指导 400 多户农户施肥用药，辐射肥城市 14 个乡镇办事处，300 多个村，实现了合作社和农户双赢的良好局面。三是大力推广科技服务。在安庄镇开展了粮食高产攻关，在不加大化肥农药施入的前提下，建立了 100 亩高产攻关田，平均小麦亩产超 700 公斤，玉米亩产超 1 000 公斤。积极探索实施了小麦、玉米有人飞机、无人飞机统防统治，达到了降本减药增效目的。在王庄镇马铃薯产区推广应用水肥一体化智能喷灌技术 100 亩，在节水灌溉、肥料利用和产量提高等方面，取得了明显成效。积极邀请周边种植大户参观学习，得到了种植大户的充分认可，截至目前，在王庄镇马铃薯主产区辐射带动周边大户发展水肥一体化技术 2 000 亩。

（二）基地建设情况

2020 年，合作社在新城街道沙沟村流转土地 2 400 亩，主要种植小麦、玉米，按照粮食生产"十统一"模式进行管理，力争把基地打造成全市粮食绿色高质高效示范样板。同时在沙沟村驻地集中建设肥城市农业综合服务中心，中心投资 360 万元，主要包括三个功能区。一是农业新机具、新技术展示区，重点展示国内新型农业机械（具）和科研院所组装配套的种植管理技术。二是多功能培训教室。重点用于新型职业农民、无人机驾驶员、农业专业技术人才培训。三是"智慧农业管理服务平台"，通过物联网监控服务平台、社会化生产服务平台，在气象监测、病虫害防治、人员调配、仓库使用等方面提供数字化管理。

（三）联农带农情况

合作社积极探索新型经营管理模式，在基地建设过程中，与益海嘉里、五德利等大型粮食加工企业签订订单，重点推广济麦229、山农 111 等优质强筋小麦品种，达到了提质增效的目的。基地在经营过程中，农户以土地入股，并充分参与到基地生产过程中，合作社除支付正常租赁费用外，还为农户支付劳务工资和年底额外 30％分红，农户年均增收 1 000 多元。

同时合作社积极转变传统服务模式，大力推广无人机植保，成立了 200 人的农业专业植保队伍，让入社农户充分参与到合作社发展过程中，年作业量达到 15 万亩，业务拓展到了东平、宁阳、济宁、商河等地，2018 年植保人员仅植保服务这一项人均年收入达到 4 800 元。在合作社植保无人机发展平稳时期，为充分带动农民致富增收，2016 年合作社成立了植保无人机培训班，聘请国内资深教员针对市内返乡大学生、务农青壮年开展培训，截至目前先后培训无人机操作手 60 人，在农忙时节，积极为操作手寻找植保订单，每人年均作业量达到 5 000 亩，年均收入达到 2 万元以上。

二、合作社绿色防控服务模式

金丰粮食专业合作社按照"创新模式、构建网络、集成示范、建立平台"的思路，先后在肥城市建立 56 个村级惠农服务站，组织成立 66 个村级植保服务队，搭建起了村级服务平台；在各镇农业综合服务中心的指导下，通过与全市 40 多家农机合作社、100 多家家庭农场、200 多家种粮大户签订植保托管协议，建立乡镇服务平台；通过承建市级"智慧农业服务平台"，建立了市级植保服务中心，逐步搭建起了县、乡、村三级一体服务体系，形成了以植保服务为主，兼顾农资销售、农机服务、技术指导等业务的金丰农业综合服务模式。这种模式既能保障当地农业服务市场需求，又确保合作社拥有稳定的经济收入。

2019 年金丰粮食专业合作社整合泰安地区闲置无人机 50 架，飞手 60 名，与先正达、杜邦等一流农资生产企业开展合作，围绕肥城市种植业，组建农技推广机构、农药生产企业、专业植保服务组织和种植户广泛参与互助协作的统防统治服务联盟，共同推进飞防技术在肥城农业病虫害防治中的应用，推进农业农村现代化进程，促进农作物病虫害专业化统防统治发展，促进农业增效、农民增收。

（一）建立病虫害防治新模式，提高服务能力

建立以肥城市金丰粮食专业合作社为主体，以山东农业大学、泰安市农科院、泰安市农业农村局为技术支撑，有关农资生产企业、新型农业经营主体、农户广泛参与的服务模式，充分发挥各方力量、凝聚合力、共同推进。

（二）开展全程绿色防控服务，提高服务水平

集技术、机械、人员优势，充分发挥农技人员和山东农业大学、泰安市农科院技术优势，研究制定作物全程化绿色防控服务方案，形成套餐式服务，直接对接农资企业，减少中间环节，直接服务农户，为农户提供优质农资，减少成本，提高效益。

（三）建立服务平台

在各镇街建立服务站，组建村级植保服务队，搭建起村级服务平台，打造示范基地，示范推广绿色防控新技术。

（四）定期开展技术培训和现场观摩会

由于无人机操作人员短缺，依托上级主管单位、乡镇农技站，以乡镇为单位，合作社组织无人机教员为肥城市合作社、土地承包户等免费无人机植保培训，涵盖无人机维修、实操、理论等三方面。

三、下一步发展

（一）坚持以植保为主导业务的农业服务组织发展方向

当前国家经济发展进入新常态，"四化同步"发展农业依旧是短板，全面小康农民增收仍然是难点，"谁来种地""怎么种好地"问题也日益凸显，迫切需要更好地发挥农业生产性服务业的基础支撑和保障作用。以植保为主导业务的农业服务组织应当抓住市场需求的机遇，探索适合当地农业服务需求的发展模式。但随着时代的发展和信息技术的普及，单纯的拥有固定的业务开展体系，也将无法适应全方位、全程化的农业服务市场的需求。因此，金丰专业合作社将向着几个方向努力发展：

一是农业服务向全类型发展。几年前合作社仅仅从事小麦、玉米等粮食作物植保服务，对植保服务的要求相对单一，施用的药

物、肥料相对固定，但近年来随着强筋小麦、富硒小麦、有色玉米、水果玉米等品种的推广种植，植保服务需要根据不同作物品种，调整用药施肥配方，配套专业化植保服务技术。特别是随着合作社业务量逐渐增加，在肥城当地名气越来越大，当地的林果种植户、马铃薯种植户、蔬菜种植合作社也希望与合作社签订服务托管协议。为此，合作社将不断提升相关业务能力，逐渐建立起不同作物、不同品种的专业化托管服务技术体系。根据合作社实际的发展经历，农业服务必然会向农业作物全类型发展。这也就要求植保服务合作组织尽快地完成技术、装备的储备，具备更加专业化的服务能力。

二是农业服务向全链条发展。自国家逐步放开土地承包权，鼓励土地有序流转的系列政策实施以来，从事农业种植的主体由农户向统一种植经营的大户、合作社等新型经营主体转变，植保服务对象也随之改变。以肥城市为例，全市土地流转率达80％以上，合作社的服务对象在需求植保服务同时，为了降低设备购置、仓储运输等成本，还需要耕种、收获、烘干、仓储、运输、销售等一体化服务。为此，2016年，合作社通过购置大型拖拉机、旋耕犁、收割机等设备，拓展业务范围，实现"耕、种、防、收"粮食作物的托管服务，当年就为合作社增加收益20％以上，三年收回设备投入成本。今年，合作社计划通过改建粮仓，购置风干、烘干设备，开展粮食运输销售业务，继续延长服务链条，在服务上真正实现粮食全程化的链条式服务。合作社发展，需要紧跟农业服务市场需求的变化，全链条式的农业服务也将是植保服务组织重要的发展方向。

三是农业服务向自主经营转变。随着技术的革新，植保装备制造工艺的进步，部分植保设备成本降低，一些有实力的农业经营主体自己购置植保设备，植保服务的市场不仅要面临同行间的竞争，还会因经营主体的实力提升而压缩。作植保服务类的合作社，拥有植保技术和设备优势，也可以探索托管土地，走自主经营道路。合作社在2012年托管土地1 600亩自主经营，种植小麦、玉米粮食作物，较服务的合作社每亩地减少服务成本 110 元，多创收 80 元。近几年，合作社托管基地逐步发展到 6 000 亩，实现年收益 400 万元，成为合作社收益的重要构成部分。因此建议，在能稳定发展合作社服务业务的同时，注重发挥业务优势，适当地转型经营，增加自身收益渠道，从而促进植保服务事业的健康、持续发展。

（二）植保服务要紧跟时代步伐

从目前来看，各地普遍缺少植保技术和人员，农民迫切需要高效优质、专业化的植保服务。特别是全国各地开展统防统治工作，将植保由"重视治"改变为"重视防"，大幅降低植保成本提升农业效益，充分展示了统防统治的巨大意义。要将植保服务融入这项事业中，就需要了解每年的植保工作指导意见，掌握植保主推技术，关注重大疫情动态。按照国家"农药使用量零增长行动"和"全国统防统治百强县"目的和要求，落实有害生物治理向全程绿色防控转变具体措施，主动参与小麦"一喷三防"、玉米"一防双减"、花生"一控双增"、东亚飞蝗统防统治等系列专项行动。在政府的引导下，抓住农机购置补贴、统防统治能力建设、政府购买服务等系列政策机遇，将自身发展成为装备精良、管理规范、技术先进、诚信度高的大型统防统治服务组织。

（三）保持新形势下农业服务组织应有的担当

无论合作社或是企业如何发展，都应该时刻牢记服务农民的宗旨。应时刻工作在联农惠农的第一线，保障和提高农民收益是每个农业服务组织义不容辞的使命。多年来，合作社一直积极参与当地农业部门的农技推广活动，率先在服务中使用高效生物农药；与植保站保持密切联系，确保在病虫防治关键时期用药，减少用药次数和用药量；不断开展新农药、新技术试验示范；累计田间示范授课 300 余次；坚持为没有拖欠农户流转费的合作社服务；资金周转困难的大户，采取"粮代费"模式；困难农户收取服务费用全市最低，无偿为贫困户免费农机服务达 6 万亩次；多次组织参加当地滞销农作物爱心促销活动。短期看，这些做法增加了合作社运转成本，延长了资金回笼周期，增加了运营风险，但也正是因为长期的坚持，赢得了服务对象的信任，赢得了政府支持。

　　下一步，金丰粮食专业合作社将紧紧围绕实施乡村振兴战略，甘做种粮大户的"植保达人"，致力补齐植保社会化服务的"短板"，成为乡村振兴的主力军。

开展统防统治专业化
促进植保服务产业化
——泰安市岳洋农作物专业合作社

泰安市岳洋农作物专业合作社地处"自古闻名膏腴地,齐鲁必争汶阳田"之美称的泰安市岱岳区马庄镇,该地区土地肥沃,气候适宜,是粮食作物的高产区。泰安市岳洋农作物专业合作社 2008 年 3 月注册成立,现有入股成员 268 户。成立以来合作社本着对外经营、对内服务的原则,组织采购成员所需的农业生产资料,开展新品种、新技术的试验示范、繁育与推广,开展粮食、蔬菜等多种作物种植技术培训工作,开展农作物病虫草害统防统治服务体系工作。

合作社现有办公面积 6 000 米^2,其中仓储库房面积 2 000 米^2;现有专业化防治人员 220 人,其中 120 人为常年固定机防人员;有专业技术人员 80 人,固定植保人员 6 人,药管员 4 人,配药员 10 人;现有作业机械背负式机动喷雾器 120 台,手推式机动喷雾器 10 台,配药给水车 3 台,防护服 500 套,无人植保飞行器 6 架,高地隙自走式植保作业机 4 台,现日作业能力可达 8 000 余亩。合作社成立十余年以来,累计防治小麦、玉米、蔬菜等作物面积达 80 万亩次。

合作社始终以"预防为主、综合防治"的植保方针和"绿色植保、公共植保"的植保理念为宗旨,以"专业化统防统治"和"绿色防控"为中心,强化服务,认真做好试验示范,积极稳妥推进病虫害专业化统防统治,取得了较好的成效,受到了广大农民的欢迎,部、省、市、区各级领导也多次前来观摩指导并提出建议和赞扬。

合作社自成立以来受到各级表彰，2009 年被泰安市岱岳区人民政府评为"先进农民专业合作社"称号，2011 年被农业部认定为"第一批全国农作物病虫害专业化统防统治示范组织"，2012 年被农业部认定为"第一批全国农作物病虫害专业化统防统治百强服务组织"，2012 年被泰安市农业局、财政局评为"第一批农民专业合作社市级示范社""泰安市十佳农民专业合作社"，2014 年被评为"农民合作社省级示范社"，2019 年被认定为"国家级农民专业合作社示范社"。

一、建章立制，规范运作

为了使合作社机防队健康有序发展，合作社制定了《统防统治队员管理制度》《安全用药操作规程》等规章制度，明确机防队员、技术人员和管理人员的具体职责和义务，规范服务行为。为规范机防队的作业制度，合作社实行"统一人员、统一药械、统一作业时间、统一药剂、统一成本和统一记录田间服务"操作程序的"六统一"作业要求，保障合作社健康、有序发展，减少统防统治的作业强度，提高合作社的工作效率。为保证合作社机防队员的安全性，合作社统一为机防队人员购置防护服、毛巾和口罩等个人防护设备，每年为机防队员购买人身意外保险，确保统防统治工作安全、高效运转。

二、科学防治，健康发展

合作社成立之初，每年针对小麦统防四次、玉米统防三次，每个防治周期为 5~7 天，全年专防人员工作时间仅有三四十天时间，造成专防人员难固定，统防统治工作较难开展的情况。根据山东省植保站的建议，为不流失机防队员，合作社拓宽业务范围，利用小麦、玉米防治间隙时间，对农户的菜田和有机蔬菜进行防治，采用这样的方式，能保证机防队员的作业时间，不会造成人员流失和务工、怠工现象发生。合作社成立以来，先后到北苏、老宫、北李、大寺和吴新等几个村流转土地共计 1 500 亩，建立了新品种、新技术的示范基地和统防统治试验示范基地，合作社的统防统治工作的方案实施和药品试验在基地上通过试验成熟后，推向乡镇大面积粮食作物，采用先试验后推广的模式，减少了农药使用量过大、喷洒技术过差等因素带来的不利影响，有效地带动了统防统治工作的开展。

三、注重培训，惠泽于民

为加强岱岳区统防统治工作，岳洋合作社总结多年工作经验，先后印制小麦—喷三防防治方案、玉米高产栽培技术、玉米病虫害统防统治技术等宣传材料，先后录制多期小麦返青期统防统治现场演示等影像材料，现场组织群众观摩药效，让群众亲临现场感受现代化器械带来的便利和好处。泰安市农业农村局为预测病虫害发病的程度，先后在合作社试验、示范基地设立了测报点，安排了专职病虫害测报人员，每天定时发送病虫情报，保障病虫害及时监测和预警。合作社同时还聘请山东农业大学、泰安市农科院、市区农业农村局等专家对专防队进行技术培训和指导。几年来累计印制宣传材料 5 万册，录制影像资料 18 期，开展病虫害防治技术培训 20 余次，累计培训 6 000 人次。

四、统防统治，增产增效

一是积极响应政府号召，参加政府统防统治工作招投标。二是努力配合区农业农村局做好小麦、玉米等高产示范区统防统治工作，适期开展农作物病虫害集中防治、成片防治。三是组织作业人员跨区、跨镇作业，提高收入。特别是 2019 年在合作社基地实现小麦单产 828.7 公斤的新突破，是有记录以来泰安市小麦最高产量，当时刷新山东冬小麦高产纪录。

在预算实施方案制定上，合作社本着全心全意为社员和农户服务的宗旨，按照自主经营、自负盈亏和自我发展的路子，村委服务每亩提取亩次总防治费用的8.5%，负责村宣传发动及邻里不同作物协调等，合作社收取7%作为管理和运营费用，在统防统治区域内，达到农户、村委、合作社合作、共赢的效果，调动了工作的积极性，使群众真正受益。

自2008年成立以来，合作社先后同各村委签订统防统治协议，在小麦生长后期"一喷三防"中，合作社将签订协议的村的资金物化农药，组织机防队做好预先安排，及时进行防治，对于未签订协议的村、户，连片100亩以上，可进行作业防治。

合作社每年定期组织专防队参加专业技能培训，六年来累计组织培训12场次，培训达650余人次，同时合作社组织技术人员及专防人员代表到省周边统防统治服务组织进行参观和学习，同时引进先进技术，为合作社健康发展增强了后劲。

五、探索新路，创新模式

针对当前农村劳力少，土地分散程度高，统防统治工作开展难的现状，紧紧围绕合作社的发展和农民群众关心的热点问题，自2016以来就不断开展调查研究，努力扩大合作社业务范围，积极探索从供种、播种、防治、收获、销售一体化新型现代农业服务模式，真正让农民当"地主"。在摸索过程中也遇到了一些焦点问题，例如：自然灾害防控、收费标准及非人为风险等因素，但在初步的小麦试点上获得了较好成效，即由合作社成立经营互助小组，提供优良小麦品种、肥料、物资等，再由村种植大户带头示范，统一防治、统一收获、统一销售，让承包户在服务中获得高效益。

六、取得成效

（一）提高防治效果

解决了一家一户防治难和农村劳动力明显不足等难题，减少农药使用量，增加作物产量，降低防治成本，减小劳动强度，提高了防治效率，取得了明显的经济效益和生态效益，为创建粮食高产乡镇做出了贡献。

（二）以村为单位防治，方便管理，成效显著

专防队以合作社为中心，以村为单位，入户进地实施作业，形成合作社—村—农户网络化服务体系，保证统防统治工作顺利开展。不同作物生长期选择适宜的施药器械，对症下药，达到农机与作物结合。

（三）合作社健康发展，并积累发展后劲，得到了农户的认可和政府的赞扬

目前合作社统防统治队伍已经成长成为一只技术过硬、农户信赖的植保服务队伍，每年在服务期间走村串户，树立了良好的公众形象，由原来的"我找你服务"转变成村、户"主动要求服务"。

（四）促进了农村劳动力转移，增加了劳动收入

专业化防治解决了外出务工人员防病治虫难问题，促进了农村劳动力转移，推动了土地流转。同时，农村务农青壮年加入合作社后，每人每年可以通过专业化防治增加收入 8 000 元以上，随着业务范围的扩大，收入还将会有所提高。

（五）保障了农业生态安全

专业化防治全面使用了高效低毒低残留农药，同时减少了防治次数，农田生态环境明显改善。

七、问题与建议

一是实现植保专业化防治可持续发展必须积极探索新的运作模式。由于目前专业化防治组织开展工作大都采用的是农民分散预约

服务方式，往往造成人力浪费，服务组织和服务人员收益不高，目前还未能找到能随病虫发生轻重而确定收费标准的评价机制，希望各级政府及农业主管部门能够给予合作组织防治补贴。

二是植保专业化服务组织必须拓展服务范围。因为单纯的农作物病虫害专业化组织收入不足，人员难以固定，发展困难，必须走成片防、机防、农资供应等多种经营的路子，解除合作社在发展过程中的后顾之忧。

以上所述是合作社在专业化统防统治工作中的情况，专业化统防统治工作是现代农业植保的发展方向，提高统防统治效果，增强统防统治力量是合作社的发展目标，在下一步工作中，合作社将提升组织体系，拓展植保服务领域，创新机制，以科技为支撑，示范引导病虫害统防统治，充分发挥合作社的示范带动作用，为保护农田生态环境、提高经济效益和促进农业产业持续健康发展提供有力保障。确保农业增效和农民增收目标的实现，实现经济、社会效益双提升，为泰安市植保领域的统防统治工作起到带头示范作用，努力将合作社发展成全国植保领域的先进示范组织。

科学处方　精准施药
让农民种地更轻松
——新泰市地管家农业科技有限公司

新泰市地管家农业科技有限公司成立于 2016 年，坐落于美丽的园林城市——新泰青云城区，是一家以新农业技术引进及推广、病虫草害诊治、植保无人机飞防服务、土地托管、农资产品引进推广及配送为主的新型农业科技服务公司。公司现有技术人员 7 人，其中初级职称 5 人，中级职称 2 人；植保无人机持证飞手 22 名，配送人员 3 人；设立农服部、技术部、配送部等业务部，各部门职责明确；配备配送车辆 3 部、农技服务车 2 部、作业车辆 6 部，大疆植保无人机 17 架、电动喷雾器 30 台，背负式弥雾机 20 台、自走式四轮喷杆喷雾机 3 台；本着"地管家，让农民种地更轻松"的服务理念，在市农业农村局、市现代农业发展服务中心的管理和指导下稳步开展工作。

一、主要做法

公司成立以来，以"致力于提高农作物产量、致力于提升农产品质量、致力于增加农民收入"的经营理念，先后成为拜耳作物科学（中国）有限公司、济南中科绿色生物工程有限公司、青岛奥迪斯生物科技有限公司、山东先达农化股份有限公司、山东绿邦作物科学有限公司、威海世代海洋生物科技有限公司等国内外优秀农药企业的区域代理商及服务商，引进推广了一批高效低毒的药剂，并取得了较好的成效。

（一）引推并重，示范带头

针对新泰市花生种植面积大，地下害虫防治难度大，公司引进了高效低毒的进口种衣剂，先后在石莱镇、刘杜镇等花生主要种植区域开展试验示范推广工作，并取得了良好的示范效果，得到了农户的称赞。累计组织开展农民技术培训会及现场观摩会 20 余场次，安排试验示范 20 多个，使用技术明白纸及光碟 5 000 余份，累计推广面积 30 余万亩，解决了农民防治难的问题，提升了花生的品质、提高了花生产量，降低了毒死蜱等高剧毒农药的使用量。在此基础上公司又在花生全生育期病虫草害上进行了相关的试验，摸索出了一套适合当地使用的《花生病虫害全程植保方案》。

（二）科学处方，精准施药

近年来，随着收种机具跨区作业的增多，农户地里的杂草群落及抗性逐渐发生变化，导致许多地块杂草防效不好，成为农民在病虫草害防治过程中的难题。针对此现状，公司迅速反应，派出技术员到田间地头采集杂草，并入户询问上年防治杂草的药剂情况，针对不同区域出现不同的杂草种类及杂草抗药性的情况，制定出 8 种麦田杂草防治配方，2 种玉米田杂草防治配方，每年根据变化进行微调，制作处方标牌悬挂于主要经销商及大户处，针对种粮大户的处方，实行田间处方，存档进行电子化管理，开通了杂草防治技术热线，每年杂草防治季解答杂草防治问题近千条，此举降低了诸多经销商处方的难度，为当地农户精准施药提供了有力保障。

（三）反复试验，精确参数

随着土地流转速度加快，种粮大户纷纷涌现，随之而来的就是施药的难题困扰了种粮大户，他们自己投入植保无人机不仅面临每年更新换代资金压力，还面临无操作手的困扰。基于此，公司 2017 年以来，累计购买大疆系列植保无人机 17 架，保证机型的先进性。4 年来，在花生、玉米、小麦、桃树等不同作物、不同生长期、不同病虫草害上，反复试验、调整飞行及配药的各种参数，以期达到投入最低、防效最优的效果，并制定出了《飞防作业执行表》，作业人员根据技术人员制定的《飞防作业执行表》中的各项数据进行作业即可保证用药安全及病虫害防效，植保无人机的逐年更新投放，解决了种粮大户病虫草害防治不及时的难题。

（四）加强培训，储备人才

2017 年以来先后招募并培训致力在农业现代化、产业化的进程中有所作为的农村好青年 30 余名，对他们进行包括《农作物栽培》《病虫害识别与诊断》《农药合理混配及安全使用》《植保无人机操作技能》的培训。经过他们的努力学习和积极实践，截至 2020 年，共计 2 人取得泰安市人力资源和社会保障局职称评审委员会颁发的新型农业技术类"农艺师"中级职称，5 人取得"助理农艺师"初级职称。公司在每年购置新机型时，继续招募 2～3 名青年，对其进行相关专业知识培训，并取得相关从业资格，有力地保障了公司发展过程中人才的需求。

二、公司未来发展

近年来，公司累计编写各类作物病虫害防治方案 10 余份，发放处方板 200 余块，完成种粮大户各类统防统治面积 50 余万亩，今后公司在稳固原有业务的基础上，将向如下几方面发展：

（一）强化处方，因地制宜推进处方管理

依托并优化原有杂草处方的基础上，结合全市农作物种植情况，多方调研、试验，陆续推出小麦、玉米、花生等主要农作物的丰收、提质处方，对各类作物种粮大户实行电子化管理，强化植保处方管理，做到"一户一档，一户一方"。

（二）整合机械，全方位发展土地托管

新泰市农作物种植区划明显，南北部丘陵山区以花生种植为主，中部平原以小麦、玉米种植为主，公司在原有服务模式的基础上，探索与各地经销商、农机手、村集体之间的合作，以平原大村为突破口，吸纳有意愿的当地合作伙伴为负责人，整合当地大型耕、种、收、耙等农机设备，将农机手纳入公司管理对象，逐渐由部分托管向全称托管迈进，力争2021年全程托管面积达到2 000亩。

三、公司发展过程中的困难

目前公司拥有的农机设备仅局限于农药喷洒、作物镇压及播种等方面，在未来的发展中，需要购置大量大型耕种收设备，中型收获设备和中小型耕种农机具可以自行购买或通过租赁、整合等方式完成，一些大型耕种收设备及大功率动力设备、器械价格较高，农机手大多无力承担，需要公司通过新购买的方式添置，希望各级农业主管部门能在此方面对农业服务组织给予技术指导及资金上的扶持。

公司在发展的过程中，肯定会遇到各种困难及困惑，但公司坚信，在各级农业主管部门的支持及指导下，定会克服困难大力发展统防统治队伍建设，强化推进农作物全程植保处方制度，秉承"地管家，让农民种地更轻松"的服务理念，以"致力于提高农作物产量、致力于提升农产品质量、致力于增加农民收入"为己任，为全市的农业发展做出应有的贡献。

平台化运作　数据化管理　标准化复制
——泰安市泰农农作物专业合作社

泰安市泰农农作物专业合作社，是一家由泰安市岳丰农资有限公司发起，以公司加农户的形式，联合吸收周边农户入社的农民专业合作经济组织，于 2015 年 4 月在泰安市工商局岱岳分局注册成立。合作社位于泰安市设施农业先进乡镇—岱岳区房村镇，现有社员 122 户，辐射带动 1 520 多户；专业化防治队员 30 人，大专以上学历 4 人（其中植物保护、农学专业学士各 1 人）；办公面积 150 米^2，仓储面积 1 000 米^2；配备遥控式无人飞行喷雾机 12 架、自走式喷杆喷雾机 4 台、悬挂式喷杆喷雾机 2 台、果林风送式喷雾机 2 台、履带式手推喷雾机 3 台、背负式喷杆喷雾机 10 台、背负式机动喷雾器 30 台、农用拖拉机 2 台、生产作业及物资配送货车 5 辆。合作社大力发展统防统治服务，2020 年共完成小麦、玉米等作物的统防统治服务 21 万亩次，其中，在本区域蔬菜主产区的统防统治服务达到了 1 100 亩次，实现了在蔬菜区统防统治工作实质性突破。

一、经验做法及取得成效

自合作社成立以来，立足本地农业生产实际，以"减量控害、节本增效、降低面源污染"为目标，在园艺作物种植集中的房村镇、良庄镇大力提供全程栽培管理及病虫害防治技术指导服务，取得了较好的成效。

（一）试验示范，探索统防技术

合作社结合作物布局和病虫害发生规律，先后在集中种植的番茄、黄瓜等作物上持续开展了专业化防控技术应用试验，总结出以农业防治、物理防治和高效低毒农药统一施用为核心，种植、施肥、浇水等技术相配套的番茄、黄瓜病虫害绿色防控技术体系，最大限度地减少化学农药使用，保障产品质量安全、生态安全。两年累计实施土壤调理、土壤消毒、水肥一体化、病虫害统防统治面积超过 600 亩，杀虫灯、黄板诱杀面积 200 亩，生物药剂防治 50余亩。

（二）以点带面，稳步推进

为更快地使菜农接受和实施全程承包方案，合作社在蔬菜种植集中的房村镇每个重点村指导培育 2～3 个大棚种植户实施全程管理方案，作为蔬菜全程管理方案的技术示范。同时向周边的天泽农场、三棵树农场等具有影响力的家庭农场提供全程承包方案，通过全程技术体系的运用，病虫害得到有效控制，蔬菜品质和产量大幅度提高、社员收益明显增加，从而吸引更多的农户加入蔬菜全程承包统防统治工作中来。合作社社员候卫国自 2015 年开始积极参与合作社提供的番茄和黄瓜全程承包统防统治技术，种植的 2 个温室大棚每年收入都在 8 万元以上，明显高于非社员，已经成为合作社统防统治方案的忠实拥护者。

（三）分段解决，逐步推进

蔬菜种植投入高、生产周期长、管理精细，但受菜田空间条件的限制，大型机械难以广泛应用，合作社采取分段解决问题的方式提高农户对统防统治的认识。如：针对连作导致的死棵严重的问题，采用土壤消毒并补充施用生物菌肥，推荐加大有机肥使用减少复合肥用量，提高土壤有机质含量，以减少土壤病菌基数，提高株植抗病能力；针对线虫危害严重的大棚，采用移栽时用噻唑磷根部处理和生长期用阿维菌素滴灌相结合的方式，既高效防治了线虫，也避免了涕灭威、灭线磷等禁限用高毒农药的使用。

（四）防治指导到位

为保证每次统防统治效果，在作业期间，合作社都安排专业技术人员监督作业，避免因作业环节作业不到位、药剂配比失衡影响防治效果。合作社还与山东中农联合、山东天达生物、广东江门植保等农资生产厂家建立了产品和技术合作关系，借助厂家技术人员和合作社技术人员共同进村入户开展技术服务。合作社以每周服务不少于 3 次、每次服务时间不少于 2 小时作为技术服务的硬指标。在作物种植关键时期，开展种植专业户和社员技术讲座，已累计在房村镇所辖各村组织开展技术讲座 60 余场次，培训农户 3 000 余人次。

（五）强化互联网运用，信息化管理

合作社立足高起点运作，成立之初即确立了"平台化运作、数据化管理、标准化复制"的互联网运作思路，配备了电脑、扫码机、打印机等设备，开通了光纤网络，安装了具有社员管理、进销存数据汇总、专业化统防统治服务台账等功能完善的用友管理软件。合作社为社员（会员）发放磁条卡，采用一人一卡一账号，卡片内包含社员的个人信息、种植作物及面积等基本资料，有利于社员动态信息的掌握和及时提供技术服务。社员每次接受的统防统治服务、使用的农药和肥料均清楚记录，信息即时汇总，一方面能及时发现生产管理中的遗漏和当期管理的技术优势和缺陷，另一方面可掌握社员使用后剩余的农资产品，尤其是农药的数量，合作社集中处理，避免了剩余药剂长期存放造成的浪费，以及给环境和人员带来的潜在风险。合作社还借助互联网平台开办了网上商城，在网上为社员发布供求信息，借助互联网优势，推销农产品。截至目前，通过互联网已为 3 名社员采购到大棚葡萄、草莓和豆角的新品种，并为社员联系到蔬菜采购商 1 名。

二、推广制约因素

截至目前，经合作社提供统防统治服务的蔬菜面积达 1 100 多亩，其中大棚蔬菜 800 余亩，露地蔬菜 300 余亩，协助社员发展无公害西红柿、草莓、韭菜基地面积 160 余亩，累计服务面积达 8 万亩次。经过 2 年来的发展，统防统治工作虽然取得一定成效，但蔬菜的统防统治尚处于起步阶段，大面积推广还存在较多的制约因素：

（一）蔬菜种植以分散经营为主，制约了统防统治工作的开展

截至目前，合作社所服务区域以家庭为单位种植蔬菜的农户比例高达 98％，单户种植面积多在 2～4 亩（2～3 个大棚），具有一定规模的家庭农场、种植基地的数量和种植面积不足 2％。分散经营导致难以集中统一管理和协作，极大地限制了统防统治的开展。

（二）温室建设落后，先进防治机械无法棚内操作

以房村镇为例，建设于 2010 年前的老旧温室大棚占比达 80％，新建温室大棚虽在用工用料、作业环境有了一些改进，但 9 成以上仍沿用了原有的建设格局，空间矮小，作业道路狭窄，作物密度大，大中型机械无法进入，仍停留在背负式喷雾器喷药防治上，作业效率低，防治效果差。

（三）部分种植户追求短期效益，为系统管理增加了难度

由于蔬菜种植属于劳动密集型产业，产出高，多数农户文化水平偏低，往往仅凭单季收益衡量其投入产出比，忽视了地力培养、杀菌消毒和全生育期整体防治解决方案的长远收益，在菜价较高时为追求产量而改变统防统治方案，采用拔苗助长的生产模式，导致药、肥、生长调节剂的滥用，为蔬菜质量安全埋下隐患。

三、需求及发展方向

目前蔬菜区可以用于统防统治作业的器械较少，多数难以在大面积统防统治中发挥作用，经过多方考察，目前比较适宜于本区域蔬菜上使用的器械有土壤连作障碍电处理机、温室电场防病促生系统、微波土壤消毒设备、紫外光消毒设备、植物生长补光灯等，但这些新型器械大多价格较高，多数农户无力承担或不愿应用，希望各级农业部门、财政部门能在器械引进、配置使用、新技术推广等方面对农民服务组织给予技术、资金上的扶持。

目前虽然存在很多难题，但前景是广阔的，合作社将在以后的发展中，大力发展统防统治队伍，提升作业服务能力，加大机械化作业在园艺作物病虫害统防统治方面的应用范围和深度，提高统防统治效率，增加社员收入，创新发展模式，引领合作社逐步发展壮大。

强农为基　不负嘱托　创新发展

——滨州市滨城区鹏浩病虫害防治专业合作社

一、基本情况

滨州市滨城区鹏浩病虫害防治专业合作社位于滨城区杨柳雪镇，占地面积 1.46 万米^2，建筑面积 5 700 米^2，于 2014 年 11 月在滨城区工商局注册，注册资金 1 000 万元。合作社的经营服务内容包括：组织成员进行农作物病虫害防治、技术推广、农业机械服务及土地托管服务。

合作社现拥有运营人员 38 人，其中本科及以上 16 人，专业技术人员 15 人，大型喷药机操作手、植保无人机飞手 26 人；拥有1404 型拖拉机 15 台，自走式喷杆喷雾机 17 台，植保无人机 18台，远程风送车载打药机 2 台，深松种肥同播机 5 台，玉米籽粒直收机 5 台，小麦收割机 12 台，玉米收割机 16 台，秸秆还田机10 台，宽幅播种机 12 台，顶呱呱施肥机 65 台，共计 260 余台（套）。

合作社通过订单的形式与服务对象建立紧密的利益联结机制，通过"统一诊断，专家配药，集中防治"的经营模式运营，成员间合作关系紧密。主要生产资料统一购买，社员不仅能放心质量，而且享受到最低批发价，防治病虫害所使用的农药平均价格低于市场价的 15％以上，节省了成本，再加上专业化的服务，吸引了更多农户尤其是种植大户到统防统治体系中。合作社针对不同的作物、不同时期进行全面统防统治，截至 2020 年年底，统防统治面积已达到 120 余万亩次。

二、典型做法

（一）科学化管理

合作社不断规范防治病虫害的追溯体系，在坚持标准化服务的基础上，合作社积极建设标准化病虫害防治生产基地。按照合作社的章程和服务标准，进一步完善田间管理措施，建立病虫害防治记录制度，做到事先有规划、实施有记录，具体田块都有专人负责，施药统一配制，做到防治的全程控制。标准化的病虫害防治体系保证了农产品质量，满足了市场的需求。

（二）标准化服务

合作社在滨城区杨柳雪镇、里则街道办事处建立标准化病虫害防治示范基地 8 000 余亩，带动周围 5 个乡镇万余农户实施标准化病虫害防治。按照"预防为主、综合防治"的植保方针，采用统一供应农药、统一时间预防、统一配制农药、统一标准防治、统一田间管理的"五统一"管理模式，为生产优质、安全的农产品提供强有力保障。2016 年年初购买植保无人机 8 架，组建了飞防服务队，派技术人员外出学习操作技术。截至 2020 年年底，合作社飞防服务队植保无人机达 18 架，累计完成各类技术学习、培训 400 余小时，使合作社的服务能力进一步得到提升；植保无人机累计开展防治作业 90 余万亩次，防治效果得到了老百姓的赞许。

（三）综合化运营

合作社成立前，农民缺乏科学病虫害防治管理知识，造成产量上不去，质量也不高，农资服务更没有保障。合作社成立后，积极拓展服务，组织供应优质肥、优质药。针对病虫草害，进行综合防治，以植保部门的病虫害预报为依托，推荐高效低毒农药、生物农药，消除了农民的后顾之忧。同时，推广科技知识及标准化生产技术，提高农民标准化生产能力。合作社建立了科技小组，聘请了技术专家，分期分批为农民提供技术指导、现场技术讲课、测土配方施肥等服务。

（四）社会化服务

合作社实行标准化、规范化的管理，加之拥有多套专业化病虫害防治设备，人员训练有素，使得综合服务能力显著增强，社会影响不断提高，得到了老百姓的肯定。合作社先后高质量完成 2017 年小麦重大病虫害防治项目，2017—2020 年小麦"一喷三防"项目和玉米"一防双减"项目，2018—2019 年滨城区粮食绿色高质高效创建项目，2020 年小麦春季病虫害统防统治及条锈病统防统治等几十个社会化服务项目，累计服务面积 90 万余亩。

（五）创新化发展

合作社在统防统治探索的基础上，拓宽服务渠道，积极探索土地托管服务，对于托管的土地，合作社提供耕、种、管、收等全程标准化服务，农民只需缴纳一定的托管服务费，剩下的事情都由合作社来完成，2020 年合作社托管土地近 3 万亩，比个人耕种的土地亩均增效节支 120～160 元。

（六）品牌化经营

合作社大力实施品牌战略，不断强化服务标准，打造精品服务样板工程，形成标准化的粮食周年栽培管理体系。通过服务品牌建设，合作社提升了的知名度，扩大了服务空间，实现了合作社和农户收入双丰收。

三、今后发展计划

（一）扩大合作社的服务范围

合作社现以大田粮食作物病虫害防治为主营业务，随着合作社服务能力的增强，未来将向大田特色（蔬菜）作物推进，合作社将研究探索适合大田特色（蔬菜）作物的植保服务模式。同时，合作社将建立大田特色（蔬菜）作物生产示范基地，进一步提高合作社的植保专业服务能力。

（二）采用更加先进的植保服务技术

合作社将加强与中国农业大学、山东省农科院等科研院所及大疆农业等先进植保服务公司的技术合作，将病虫害防治大数据、植保无人机等一些新技术应用到日常植保服务中。另外，合作社技术部门也将根据国内相关课题进一步研究探索机械化服务新技术，进行试验和推广。双管齐下做好新技术推广和应用，科学种田、增加产量、提高效益。

（三）依托农业大数据建设信息化的服务平台

合作社拟建立统防统治信息共享平台，建立信息共享机制，将大数据应用至农业植保服务，让老百姓随时随地学习新技术、新理论。

（四）建设更高标准植保服务示范基地，提高防治服务面积

通过合作社全体成员的努力，进一步提升统防统治服务面积，争取在 2021 年病虫害累计防治面积达到 160 万亩，建立高标准的土地托管示范田 1 万亩，年经营收入达到 2 600 万元。

在今后的工作中，合作社将在攻坚克难、拓宽服务渠道、创新服务模式、扩大服务面积，把合作社办成真正服务于农民的大社，办成规范化的国家级优秀合作社。

锐意进取
打造技术型统防统治服务组织
——山东滨农科技有限公司

一、基本情况

山东滨农科技有限公司（以下简称"滨农"）成立于1995年，总资产11亿元，注册资金1.25亿元，是黄河三角洲区域唯一一家企业级、系统性、标准化的服务团队，也是黄河三角洲最大的生产服务组织。

滨农拥有技术实力雄厚的研发团队，专业研发人员逾200人，研究生31人。公司每年都有20多项高新产品开发规划出炉，申报10多项专利申请，同时推出10多个制剂产品和2～3个原药新产品，形成了生产一代、研发一代、储备一代、规划一代的研发体系。

2019年4月26日，滨农GLP实验室正式获得由波兰卫生部化学物质管理局颁发的GLP证书，成为山东省首家、国内第23家OECD认证的GLP实验室，也是国内第12家专门提供农药相关服务的GLP实验室。同时，滨农拥有专业的生测技术团队，硬件方面有智能生测温室、可控温/控湿/控光照的人工气候室，每年进行各类药效试验400余项，在产品投放市场之前，把控好药效和作物安全性这一关。

依托已有的技术服务和研发体系，2018年公司成立了自己的飞防服务队，目前拥有大型喷杆式喷雾机10台，植保无人机42架，专业的植保无人机操作、维修人员30人，统防统治作业涉及小麦、玉米、大豆和棉花等多种作物。

为了更好地服务于大面积的飞防作业，滨农在现有产品的基础上，每年进行 100 多项飞防相关试验，包括高浓度下的混配稳定性试验、作物安全性试验、防效试验等。此外，滨农还与各大院校积极合作，充实科技实力。目前与山东理工大学、山东农业大学、滨州学院等高等院校达成合作，在飞防药剂套餐、作物施药标准化、作业后台数据监控等方面深入合作，进一步探索无人机施药的高效、安全、省药等问题，并致力于飞防作业的标准化、程序化。目前已经推出多种专业的飞防套餐，如小麦田春季除草杀虫（2 种）、小麦田"一喷三防"（3 种）、玉米田除草方案（多种）、玉米"一防双减"、水稻田除草封闭、杀虫杀菌等多种方案，并在全国推广。

二、工作开展情况

（一）积极参与政府招标项目

公司积极参与政府采购、补贴等项目，协助政府推进农业现代化发展，2020 年共计参与政府招标服务 18 万亩次。

（二）专业服务种植大户

2020 年服务邹平元瑞农业、滨州中裕食品有限公司、滨城区康健农业科技有限公司、滨州市滨城区巨生农林科技专业合作社等种植大户共计 21 万亩次。作为专业的植保服务托管，通过"安全高效的药剂＋机械"的模式，不仅减少种植大户与多方协商的流程，更降低了人力物力成本，提高防治效果。

（三）建设飞防村镇

飞防村镇的区域主要集中在滨北办事处、里则办事处、秦皇台办事处、三河湖办事处、杨柳雪办事处等。这些区域地块零散，村民用药不科学，浪费现象严重。通过飞防村镇的建设，不但避免了用药不科学、浪费严重的现象，而且提高了作业安全性与作业效率。截至目前，服务村庄 125 个，作业面积达到 10 万亩次。

（四）培养现代化农民，助力农业现代化发展

自 2018 年以来，每年开展两期慧飞植保无人机培训，共计培养无人机机手 100 多个，举办新型农村农艺师培训班 9 期，共计有 600 多人次参加，涵盖了村零散户、种植大户、村级零售商等，让更多的农民掌握现代化的施药技术。

（五）协助政府实施小麦农业生产托管项目

基于目前农村劳动力缺乏，解决小农户在种地过程中遇到的办不了、办不好或办了不划算的现状，协助政府部门做好农业生产社会化服务工作，支持农业生产托管发展。2020 年滨城区滨北镇小麦托管方案项目实施总面积为 2 189.3 亩，其中小农户占比 62.09%。

（六）众志成城，抗击疫情

在致力于病虫草害统防统治工作的同时，滨农依托现有的无人机、飞手资源，在疫情期间，组织对滨州市 4 个县区 86 个村庄、养老院、殡仪馆、学校、小区等进行无人机喷洒消毒，作业面积近 2.5 万亩。

三、成绩与展望

2020 年累计开展统防统治服务 46.5 万亩次。主要取得了以下成效。

（一）提高农药利用率

通过统防统治，防治适期、防治药剂、施药方法等防治技术应用到位率提升明显，防治效果得到保证，避免了乱用药、错用药、多用药的情况出现。同时通过应用新型植保机械，作业效率提高，

还有效提高农药的利用率，降低了农药对环境的影响。

（二）减少农药用量，降低防治成本

统防统治严格按照植保部门发布的病虫情报施药，配方施用，防治时间准确，防治药剂对口，避免了乱用药和错用药，病虫防治次数减少，农药使用量大幅下降。由于实施统防统治，病虫害得到有效控制，保障了作物优质高产。

（三）保障安全生产，提升生态文明

在以往农民自防过程中，存在着使用高毒高残留农药、用错药剂、农药包装物随手乱扔、残留药液乱倒的现象，降低了产品品质，造成农作物药害及减产，污染了环境，对施药人员也不安全。而防治作业服务队严格执行安全操作规程等规定，在整个作物病虫害防治过程中，严格把好农药使用的各个关卡，做好农药进出台账，田间用药档案，药剂保管、存放、使用等工作，从而保证了农药的安全使用，避免人员中毒事件的发生；避免了农户因农药错用、误用或药剂配比浓度过高而造成的各种药害产生；统防统治保证了对口用药，杜绝了"两高"农药和禁限用农药的使用，严格掌握农药安全间隔期，对农药包装物实行回收处理，避免环境污染；降低农药残留量，提高农产品的品质，保护环境和农民的身体健康。

（四）参与土地托管项目

2020年，积极响应政府号召，参与小麦农业生产托管项目，成效显著。依据现有技术资源和科研力量，助力种植大户和小农户科学、合理使用农药，有效避免了乱用药、滥用药情况的发生。减少种植者自主购买种子、购买农药等购销环节，集中统一议价，通过赚取购销差价，降低生产成本，也节约了种植者在小麦种植和管理上的花费、时间、精力，达到了省时、省力的目的。

2020年，滨农本着服务三农的宗旨，在积极服务种植大户、村镇散户的同时，积极参与政府组织的统防统治工作，本年度荣获市级"十佳农业生产性服务组织奖"，被认定为"2020年度农业生产性服务市级示范组织"和第二批"全国统防统治星级服务组织"。

探索创新
打造统防统治优秀服务组织
—— 无棣县绿风植保服务专业合作社

一、基本情况

无棣县绿风植保服务专业合作社位于无棣县西城工业园区荣昌路 56 号，占地面积 7 200 米²，2011 年 5 月份注册成立，注册资本 615 万元，总资产 1 320 万元，其中固定资产 880 万元，现拥有社员 130 人。主要业务包括植保防治作业、信用互助、技术信息咨询、植保器械维修服务以及其他耕种作业等。

二、工作开展情况

（一）采取统一的社会化服务

合作社以植保服务工作为中心，以信用互助为推手，充分整合"小麦玉米良种""农业病虫防治补助"项目，严格"六有"要求，即有独立的法人资格，有规范的组织章程，有紧密的合作关系，有较强的服务功能，有较大的经营规模，有明显的增收效果。按照"巩固已建阵地，提升现有人员，规范在建队伍，考察规划区域"工作思路，本着"政策扶持、典型引路、创新机制、互助服务"的工作方向，大力推广和实施以统一玉米机收和秸秆还田、统一旋耕、统一深耕（松）、统一再旋耕、统一施肥、统一小麦供种、统一小麦播种、统一病虫害防治、统一小麦收获、统一夏玉米机械播种为主要内容的粮食生产"十统一"社会化服务，取得了良好的效果。基本实现了"减量控害、节本增效、绿色生态、科学发展"的防治目标,确保植保专业合作社建设朝着健康、快速方向发展,促进了粮食生产安全、农产品质量安全和农业生态环境安全。

(二)努力提升服务能力

为全力做好植保服务工作,合作社先后投资 300 余万元购置了植保无人飞机 6 架,动力牵引机械、各种功能的植保机械(器械)等 56 台(套),培训植保无人机飞手 5 名,专业植保技术员 12 名、机械维修人员 6 名,为大面积统防统治作业提供了可靠保证。自 2014 年起,合作社已连续多年承担了无棣县小麦"一喷三防"病虫害防治任务,为植保无人飞机的高效防治提供了广阔的施展空间,防治面积连年增加,2020 年防治面积已达到 14 万亩次。

(三)积极争取政策扶持

一是合作社在发展壮大的过程中,积极争取上级部门的指导帮助和大力支持,2014—2015 年无棣县农业部门为合作社分别提供了植保无人机 2 台和植保药械 10 台(套)。二是为最大限度发挥合作社成员的资金作用,提高资金使用率,通过无棣县农经局推荐,2015 年 6 月无棣县地方金融监督管理局批准,为合作社社颁发了"山东省农民专业合作社信用互助业务认定证书",互助资金限额为 500 万元。在无棣县农经局、无棣县地方金融监督管理局的监管和指导下,合作社积极开展信用互助业务,为合作社的快速发展注入生机。通过开展植保服务和信用互助业务,带动周边 1.16 余万户农民,共计 14 余万亩粮棉和苜蓿参与病虫害统防统治。

(四)村企联建,共同发展

为回报社会,做好扶贫帮困工作,根据"村企联建"指导精神,"以企带村、以村促企、村企共赢",合作社与无棣县高家村结成对子,理事长被任命为高家村支部书记,进行对口帮助和支持。合作社自 2015 年起,连续几年为高家村免费深松土地,免费进行棉花播种，免费植保作业。通过"村企联建"，不仅使合作社找到了产业发展的组织载体，而且使农村分散的生产要素找到了合适的集中平台，进而实现规模化、组织化生产，提高农业产业化、现代化程度，并以此带动农村的综合发展。

（五）建立完善规章制度，规范行为

合作社坚持依法办社的原则，严格实行民主选举、民主管理、民主决策、民主监督，结合实际建立健全社员（代表）大会、理事会、监事会等"三会"制度，充分保障全体成员对合作社内部各项事务的知情权、决策权、参与权和监督权，努力实现"自我组建、自我管理、自我服务、自我受益"的宗旨。本社坚持依章办事、照章办事的原则，按照《农民专业合作社示范章程》规定，结合实际制订好本社章程，贯彻执行好章程的各项约定。合作社按照《农民专业合作社财务会计制度（试行）》规定，建立健全会计账簿、财务管理制度和盈余分配制度，为全体成员建立完整的个人账户，确保与成员按交易量返还率达到 60％以上，确保成员出资、公积金份额、与合作社交易情况、盈余分配等产权资料记录准确无误。通过开展规范化创建活动，切实提高本社成员民主管理水平，不断增强本社可持续发展的内在活力。

（六）规范内部管理，确保安全

合作社在生产经营上狠抓内部管理，坚持做好"八统一"工作：一是统一持证上岗，二是统一制定防治技术方案，三是统一建立客户服务档案，四是统一提供农药信息，五是统一进行药剂采购，六是统一开展病虫防治，七是统一收费，八是统一参加保险。以上措施通过严格落实，确保作业服务质量，杜绝安全事故的发生。

合作社在示范带动的基础上，通过提供植保技术和各种管理服务，使本社社员提高了经济收入，带动了周边农户不断提高农作物种植管理水平，土地产出效益增长明显，取得了良好的经济效益和

社会效益。

三、成绩与展望

通过自身的不断努力，合作社得到了快速发展，取得了一定成绩。2020 年，合作社实现经营收入 1 321.57 万元，实现盈利 225.7万元，其中提取盈余公积 38.21 万元，可分配盈余按成员交易量的65％返还，社员平均收入达到 1.9 万元，均超过以往年度经营指标，取得了连年稳步发展的可喜成绩。2016 年 7 月，被认定为国家级农民专业合作社示范社，2020 年 12 月 8 日被中国农业技术推广协会认定为"全国统防统治星级服务组织"，2015 年 3 月被山东省农业厅认定为"2014 年度山东省农作物病虫害专业化统防统治优秀服务组织"，2015 年 8 月，被山东省农业厅等十家单位评为"山东省农民合作社省级示范社"，2013 年 5 月被滨州市委市政府评为"第五批农业产业化市重点农民专业合作社"，2018 年 10 月被市农业局评为"2018 年度全市十佳农民合作社"，2013 年 11 月被滨州市农业局评为市级示范社。

成绩只能代表过去，在今后工作中，合作社将再接再厉，努力做好以下工作。

（一）不断增强服务意识和统防统治作业能力

随着土地流转的不断加强，农村土地逐渐集中，为大面积机械化植保服务提供了广阔空间，而专业化植保服务质量和大面积作业服务能力决定了合作社的服务市场，以为民服务为宗旨，不断提升统防统治作业能力，促农增收。

（二）拓展服务范围

推动合作社服务向纵深发展，除继续开展粮棉作物的统防统治外，还要开展其他经济作物如苜蓿、枣园、葡萄园等的植保防治作业服务，进一步解决农村劳动力转移后的后顾之忧。

（三）加强合作社建设

要在现有基础上，根据农村市场需求，进一步加大植保机械购置力度，特别是先进高效的植保无人机，培训专业技术人员，细化服务标准，在今后的农业产业化服务中，探索新的路子，为农业增效、农民增收做出积极的贡献。

大力开展统防统治　推进农业现代化

——德州市陵城区丰泽种植专业合作社

一、基本情况

陵城区丰泽种植专业合作社位于临齐街道办五李社区万亩品质蔬菜基地核心区，成立于 2013 年 10 月，下设陵县丰润家庭农场（省级农场）、德州凤麟农业服务有限公司、德州市陵城区丰霈农机专业合作社三个分公司，农场总共流转土地 2 018 亩，托管土地 4 200 亩。现有固定职工 12 名，其中助理农艺师 3 名；农业技术人员 5 人，机械技术人员 4 人，临时用工若干。合作社现有固定资产 600 万元，购置大中型农机共 30 台（套），其中大型拖拉机 14 台，大型玉米、小麦收割机 18 台，大型筛选机、色选机、脱粒机 8 台，播种机 6 台，无人机 14 架，智能配肥机一套，排涝及防治病虫害设备 30 多套，大型烘干机及周边设备若干台。在农场基础设施方面，建成了占地 1 万多米^2 的集办公、储藏、加工、培训、化验等于一体的场部区，其中标准化办公楼 700 米^2，机械库 420 米^2，容纳 5 000 吨大粮仓 1 座，化肥配比实验室 1 个，硬化场地 7 000 米^2。合作社现在不仅基本做到了种、管、收、藏全程机械化作业，还具备了为周边农户和社会散户提供各种服务的条件，仅 2018 年上半年农业服务面积达 4 万余亩，现服务面积 30 余万亩，测土配方施肥 900 余吨，受到了各级政府及周边农户的一致好评。

二、服务运作模式

（一）利用协会优势，壮大飞防队伍

2016 年陵城区新型职业农民发展协会成立，126 名会员拥有土地 6 万余亩。打药是摆承包大户面前最大问题，为彻底改变打药难的问题，合作社 2017 年购买无人机 4 架，拉开了无人机服务的序幕。2017 年飞防面积仅 7 万余亩，面对的群体是承包大户和农场、合作社等经营组织。在政府的宣传和指导下，一些村庄也开始用无人机飞防。截至 2020 年年底，陵城区协会有无人机 56 架，并且成立了专门的飞防队伍。针对飞防没有严格标准，导致合作社与农户纠纷不断的问题，合作社和多家飞防公司签订服务协议，公司统一对飞防作业质量进行监督和维权，购买服务方可以指定飞防队伍和价格，把飞防费用汇入公司账号即可进行作业，然后由双方确认服务质量合格，通知公司统一付款。合作社对于无效果或形成药害甚至减产绝产的行为，依法替购买方索赔，同时保护飞防作业的成果，尊重飞手的劳动，拒绝个别农户的无理要求，这样彻底解决了双方的后顾之忧，实现公平竞争、诚信做事的良好局面。这项业务的实施使 10 余家公司、90 多家农场受惠，为推进机械化作业提高了影响力和凝聚力。

（二）强化技术培训，提高防控效果

无人机飞手全部进行专业化培训认证并发放证书，飞防实战能力强，具备丰富的理论知识和实操教学经验。合作社定期邀请植保专家讲授病虫害知识、施药技术和注意事项等。为提高防治效果，合作社配备了专门技术员，深入田间查看病虫情、草情、作物长势等情况，结合天气情况制定相应的技术方案和作业计划，确保对症下药、及时施药，保证防治效果，避免药害发生。

（三）积极争取政策和项目支持

统防统治是未来农业发展的趋势，国家大力倡导统防统治，并

出台很多政策促进统防统治的发展。合作社积极争取政策扶持和项目支持，提高了专业化服务组织的能力和经济效益，使服务组织更有信心和能力做好统防统治服务。

三、取得的成效

（一）及时、有效地控制重大病虫害的发生蔓延

2020年4月，陵城区小麦条锈病大面积发生，合作社紧急调动本地40架无人机进行飞防。在小麦条锈病面积不断增加的情况下，从江苏、安徽等地紧急调动100架无人机在全区11个乡镇进行统防统治，14天时间飞防面积50万亩，及时控制了病情的蔓延。同时收集整理飞防数据，避免后期因大面积统防统治的需要而无法调度机械的情况，在作业过程中，机手不需要再次测点，无人机根据上传数据就可以作业，效率增加50％以上，大大增强了政府部门在重大病虫害应急防控方面的决心和信心，为有效遏制小麦条锈病在大面积蔓延、保障夏粮丰产丰收做出了积极贡献。

（二）促进农药减量增效

无人机施药比普通人工用药量可减少20％以上，防效提高2个百分点以上，作业效率是人工防治的7～8倍，作业成本可降低40％以上，粮食作物综合植保成本每亩可减少15元以上。

（三）社会效益明显

合作社采用先进的植保技术和施药机械，科学选药、适时防治、高效施药、大包装采购，既提高了防效，降低了防治成本，又减少了环境污染，社会效益非常明显。

（四）成绩显著

2019年合作社在陵城区累计实施面积35万亩以上，其中深翻5.8万亩、深松2.2万亩、播种5.5万亩、收割面积7.2万亩、飞

防 20 万亩、配肥 800 余吨,受益农户 3 000 余人。会员收入在 10 万~20 万元之间的有 300 余人,50 万元以上的有 50 余人。2017 年合作社被评为"省级合作社",2018 年被评为"放心粮仓称号",2019 年被认定为"全国统防统治星级服务组织",2020 年被认定为"2020 年度优秀农业植保社会化服务组织"。

今后,合作社将加大先进植保机械的投入力度,培训优秀植保机械专业人员,壮大社会化服务组织队伍,让更多的人参与到农业服务中来,以高度的责任感和使命感,为陵城区现代农业的发展贡献力量。

大力开展统防统治
推进现代农业发展

——夏津县农家丰植保农机服务专业合作社

夏津县农家丰植保农机服务专业合作社在 2011 年登记注册成立，主要开展农作物病虫害的统防统治和农机作业服务，解决农民病虫草害防治和生产作业难题。

一、主要做法

（一）加强宣传，推广做法

为突破农民对统防统治接受难这一难题，合作社采取多种形式进行了大力宣传。一是将统防统治的意义、组织模式、操作形式以及防效好、成本低、用工少等好处通过宣传车、宣传单页、科技报纸、墙体喷绘、电视广告、农民培训会等形式广为宣传；二是在夏津电视台农业专题栏目《乡村清风》做了专题讲座；三是将统防统治的宣传喷绘贴到农资门店和小卖部门前，到村发放宣传单页，利用下乡讲课、田间指导向农民宣讲；四是把大型自走式喷雾机开到村里、集市上进行展练；五是举办机防作业现场会，扩大宣传效果。通过广泛宣传，农民对统防统治由了解到认可，到逐步接受，为统防统治的顺利开展打下了良好基础。

（二）保证服务质量，赢取客户信任

机防工作刚开始时，由于报名的农户少，地块分散，大型机器用不上，合作社只能高薪聘请机防手，用电动喷雾器喷药防治。因为日喷药面积少，如果按机防面积计酬，机防队员的收入太少，只

能按天计酬，不管十亩八亩，还是三亩五亩，给机防手的工资都按每天 80 元发放。队长亲自上阵，用好药，喷细致，一定要让农民看到效果。参加机防的农户，十几天喷一遍，而农民自己防治，七八天喷一遍，但长势却不如机防的棉田。事实征服了农民，农户信服了，参加机防的农户渐渐多了，机防队的信心也增强了。

（三）加强技术培训，强化指导服务，提高防治效果

合作社为提高机防手的技能，邀请省、市、县植保专家讲授病虫害知识、施药技术和注意事项等；邀请机械厂家技术员讲解喷药机械的工作原理、保养常识、驾驶使用技术、注意事项、故障排除和维修技术等，同时进行现场演练培训，使机防队员具备了统防统治田间作业和机械维护保养等各方面的技能，保证防治效果和工作效率。

（四）建立防治组织，健全服务网络，创新运行机制

为扩大覆盖面积、降低作业成本、提高作业的时效性，农家丰合作社组建了机防大队，又在全县范围内依托农资零售店店长、农机手、种田能手等建立了 16 个镇村级机防分队。机防大队主要服务于种田大户、农民联户，应用大型先进的植保机械进行大面积、跨区域的集中作业，各个机防分队分别服务于本村及周边的农户。这些遍布全县各乡镇的机防分队，与合作社机防大队相互补充、相得益彰，增强了便利性、实用性、时效性，使统防统治真正成为全县老百姓病虫害防治的首选，也使合作社实现了县、乡、村全覆盖的运营格局。

在运行管理上，由合作社统一制定技术方案，统一签订合同，统一收费标准，统一药剂采购、统一作业标准。各机防队在合作社的统一管理和调度下开展作业服务，实现了机手与机械配套、喷药机组与运水设备、服务人员配套，最大限度减少人员投入，提高作业效率，降低机防成本。在利益分配机制上，谁联系农户并签订服务合同，农药利润归谁；谁作业，机防利润归谁。合作社只收取设

备使用维护费（分季节）和药剂成本 6％的管理费，作为合作社的收益，加上机防大队的全部收益，根据合作社章程规定进行分配。这样合作社机防大队和 16 个机防分队统一管理，机动联合，既解决了统防统治覆盖面的问题，扩大了作业面积，方便了农户，又提升了作业时效，降低了防治成本，使病虫害统防统治业务在全县范围内快速推进，当年统防统治服务面积突破了 20 万亩次。

（五）更新植保机械，提高防治效果，提升服务能力

为提高防治效率和效果，农家丰先后购置多台（架）世界上先进的植保机械。如日本丸山 3WP－500CN 水旱两用动力喷药机、德国雷肯天狼星 8 背负式喷药机、3WFBM8－18 多旋翼农用无人植保机、秋田丸山 3WZ－300 履带自走式果林喷雾机。截至目前农家丰拥有日本丸山水旱两用动力喷药机 2 台、山东华盛水旱两用动力喷药机 1 台、德国雷肯天狼星 8 背负式喷药机 1 台、羽人植保无人机 1 架、秋田丸山 3WZ－300 履带自走式果林喷雾机 1 台，丰茂、永佳、华盛等国产自走式高秆喷药机、拖拉机背负式喷药机等 32 台（套），小型植保机械 300 多台，日作业能力 1 万亩以上，防治作业效率、防治效果大大提高。

（六）完善运行制度，强化管理监督，确保健康发展

合作社以规范运营、健康发展为目标，建立健全组织机构，明确岗位职责。设立了作业队长和技术服务部，由作业队长和技术经理对机防中心的运行安全和效益负责，机防队长负责作业规程制定、作业质量控制、机防队员管理、设备维护管理、设备调度等；技术服务部负责病虫调查、防控方案制定、作业质量效果检查、作业地块全程技术服务等工作。机防队长、技术服务、机防队员均实行岗位责任制，制定了明确的奖罚制度和绩效考核机制，每个岗位、每个人都对工作的行为和结果负责，绩效挂钩。为增强机手责任，保障安全高效，合作社建立了一系列的安全操作规程和制度，强化制度执行、过程控制，严格作业规程，保证作业质量和效果。

如《农机操作手岗位职责制》《技术方案制定责任制》《生产资料出入库质量检验》《农作物病虫草害防治标准化机防作业规程》等，构建起了一整套科学、高效的运营管理体系，并在实际运营中，强化执行、落实责任，确保了作业质量、服务质量和产品质量，为合作社科学、规范、高效的可持续发展，提供了有力保障。

（七）稳定机手队伍，拓宽服务领域，实现节本增效

农家丰采用固定骨干机手加临时机手的方式组建了机手队伍，固定骨干机手 5 名，负责临时技术培训管理、大型先进机械驾驶作业、施药质量检查把关、机械维修保养。为了稳定技术队伍，增加机手的作业收入，保证合作社的效益，农家丰购置了各种先进的农业耕作机械，开展耕作、整地、施肥、播种、机防、机收全程农机作业服务，满足农户种植中的各项农机作业需求。以先进的农业机械，提高耕作质量，提高作业效率，改进种植模式，将良种良法配套栽培技术落到实处，拓宽了服务领域，提高了客户的满意度，也增加了合作社的收益。引进玉米免耕深松全层施肥精播机，实现分层施肥、提高肥效、根深茎壮、抗逆增产的目的；应用深松整地联合作业机，实现加深耕层、改善土壤、提高地力、壮苗增产的目的；应用小麦免耕深松分层施肥精播机，实现小麦种植节本、节水、省工、增效的目的。全程配套的耕作机械，为种田大户和农民联户提供优质高效的耕、种、收、管服务，收到了良好的效果和效益，也提高了农家丰的综合实力、创收能力和发展潜力。

（八）对接新型主体，开展全程服务，拓宽发展空间

随着农村城镇化进程的加快，家庭农场、种植大户和各类种植合作社迅速发展，他们对统防统治和技术服务接受快、需求迫切。农家丰合作社积极与全县 30 多家各类新型生产经营主体开展对接，为他们提供以专业化防治为重点的全程一对一精准服务。合作社与服务对象签订全程托管、阶段托管或单次服务协议，技术人员全程跟踪服务，不定期深入田间查看长势、指导管理、制定方案，根据

作物生长季节、作物长势、病虫害发生情况和技术要求，及时实施作业。全程的技术服务、适时高效的防治作业、满意的增产效果，得到了种田大户的认可和放心托付。

农家丰合作社以专业化统防统治的优势为切入点，对接新型农业生产主体，以专业、高效、放心的植保服务成为种田大户的靠山，全程的农机托管服务也让种田大户省心、省力、高产、高效，既为种植大户提供了全程优质服务，也拓宽了合作社的发展空间，发挥了种田大户的示范作用，获得了周边农民的认可。

二、取得成效

合作社通过以植保服务为重点的全程优质服务，实现了节本增效，成效显著。

一是用药量可减少 20％以上，防效提高 2 个百分点以上，作业效率是人工防治的 7～8 倍，作业成本可降低 40％以上，粮食作物综合植保成本每亩可减少 30 元以上。

二是合作社全程托管加技术服务，农资质量有保证，农机农艺措施及时到位，消除了不利因素对作物生长和产量的影响，比农户自行种植管理增产 10％以上，每亩可增收 100 元左右。

三是合作社专业化统防统治采用先进的植保技术和施药机械，科学选药、适时防治、高效施药、大包装采购，既提高了防效，降低了防治成本，又减少了环境污染。

三、成绩及今后发展方向

农家丰合作社服务农业生产全过程，拥有完善的技术团队和农机作业团队，配以 87 台（套）大中型先进的农机装备以及优质的农资资源，形成了覆盖夏津、辐射周边的服务运营体系。近年来，合作社每年服务种田大户 30 多个，服务合作社社员和普通农户 5 000 个以上，承担小麦"一喷三防"、玉米"一防双减"统防统治作业任务，实施农作物病虫草害统防统治地面作业面积 40 万亩次以上，合作社服务收入和效益年年增加。既解决了病虫防治的生产难题，促进了生产发展，也实现了病虫防治方式的重大变革，加快了农业生产方式的转变，得到了广大农民、上级部门和领导的认可，获得了多项荣誉。2012 年，被省农业厅评为山东省农作物病虫害专业化统防统治"十佳服务组织"；2014 年，被省农业厅评为山东省农作物病虫害专业化统防统治"优秀服务组织"，被省财政厅列为省财政支持农民专业合作组织创新试点，同年被省农业厅评为"省级示范社"；2015 年，被省农业厅评定为"山东省新型职业农民培育实训基地"。

大力推进专业化统防统治符合现代农业发展方向，是保障农业生产安全、农产品质量安全和农业生态安全的重要措施，势在必行，大有可为。农家丰合作社认准了这一正确的发展方向，责任感、使命感更强，信念更坚定，决心也更大，行动更踏实，相信会越做越好。

开拓进取
大力推进专业化统防统治工作
——山东齐力新农业服务有限公司

一、基本情况

山东齐力新农业服务有限公司成立于 2013 年，位于山东省德州市齐河县焦庙镇华焦路南首，是一家具有全程社会化服务能力的现代化创新型农业服务公司。公司通过专业化、标准化服务开展全程社会化服务，以现代科学技术提升农业发展水平，以精准而全面的标准化服务创新农业体制改革。

公司注册资金 1 600 万元，现有管理、农技人员 58 人，机械操作员 320 人，季节性用工 1 000 人；拥有固定资产 1 500 万元，建有种子、农药、化肥、设备等库房面积 8 000 米²，培训室 200 米²，办公室、档案室 200 米²，配有植保、耕种、收获等农业机械设备 496 台（套），其中，美国罗宾逊 R44 直升机 1 架、无人机 6 架、大型拖拉机 28 台、小型拖拉机 20 台、播种机 40 台、深耕机 20 台、病虫草害防治机械 216 台、运输车辆 8 台、培训设备 30 台（套），2016 年公司投资 150 万元引进巴西捷科多植保设备 25 台（套），2019 年购入克拉斯 850 青储机、克拉斯割草机、克拉斯多功能 DD500 青储割台、克拉斯苜蓿捡拾割台、马斯奇奥搂草机各 1 台，日作业能力达到 10 万亩。公司成立以来，重点针对承包大户、种植大户和家庭农场等经营主体，以病虫害统防统治为主开展菜单式、托管式、承包式和跨区作业等多种形式的社会化服务。公司运营至今已完成小麦、玉米统防统治面积 540 万亩次，其中小麦

330 万亩次，玉米 210 万亩次；土地深耕深松 22 万亩；小麦、玉米收割 28 万亩次；地面除草服务年作业面积 20 万亩次；林业有害生物防控作业 121.6 万余亩。公司成立以来，半托管、单程托管服务达 80 万余亩，服务农户达 8.1 万户。服务区域也由山东齐河扩大到江苏、山西、河南等周边地区。

公司以专业化统防统治为切入点，依靠科学的病虫害防治技术，先进的植保设备及良好的信誉服务于农民，以节本、增效、减量、控害为己任，开拓进取，大力推进专业化统防统治工作的开展，逐年扩大统防统治面积。

二、运作模式

齐力新公司定位为综合性的社会化服务组织，植保服务作为公司社会化服务的切入点，也是公司目前的主营业务。立足于公司的社会化服务和智能农业的理念，齐力新公司开展与农药公司（绿士农药有限公司）和农业合作组织（如基层合作社、种粮大户、先进村等）之间的合作，并以农业合作组织为平台覆盖到每一个农户，大力推广新农药、新技术。按照个体农户的防治需要，结合现场调查，提供配套的解决方案，实现病虫害防治的针对化、高效化、节约化，大力推进统防统治向纵深发展。具体的运行关系如图 3 所示。

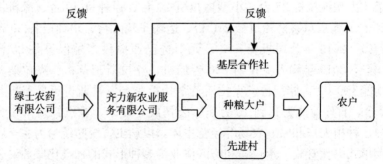

图 3　齐力新公司统防统治运行模式示意图

三、防治经验与成效

（一）采取规范运作，实现植保服务的标准化和可控性

1. 公司根据病虫害防治的经验总结出一套植保服务直达模式

（1）制定方案。成立专家组，根据具体情况，比如作物生长习性、生长周期、病虫害特性等，制定防治方案。此外，提高公司人员的业务技能，参加省、市、县各级培训；定期邀请农业专家进行业务知识、器械操作等方面的培训指导，确保技术方案的科学性和田间操作的可行性。

（2）组建服务网络。在 15 个乡镇建立了综合服务机构，为了做大做强新型农业社会化服务组织，由山东齐力新农业服务有限公司发起，以"公司＋合作社＋农户"的形式，建立农业社会化服务网络，对合作社社员实行统一管理、统一供料、统一技术指导、统一技术培训、统一服务标准的"五统一"服务模式。并在此基础上不断完善改进创建了齐力新特有的"6S"服务模式，即以"公司＋合作社＋农户"形式，建立农业社会化服务网络，对种植大户、种植合作社和整村制农户进行代耕、代播、代管、代收及农技培训全方位服务，对合作社社员实行统一农资供应服务标准、统一测土施肥服务标准、统一栽培管理服务标准、统一植保防治服务标准、统一农机作业服务标准、统一烘干收储服务标准。

（3）直达服务。制定植保操作主要流程及技术规范，组织相关人员、大户、各村支书或有影响的人员以及相对集中的农户座谈协商，直至签订植保服务协议。按照每 500 亩一个小分队，建立总队与分队协调一致的运行体系。通过对技术依托，规模、管理、运行机制的完善，实现技术指导与培训（增强意识和提高实施能力），预防、预警与综合防控新植保技术的实施（技术保障），病虫害的综合防控（技术实施的落实）。

（4）积极引进新器械、新技术，促进农药减量增效。按照产出高效、产品安全、资源节约、环境友好的现代农业发展要求，以病

虫害绿色防控为重点，全面减少农药使用。通过改进施药技术减少农药使用量，达到农药充分利用和减少农药污染的目的，同时保证作物增产、农民增收。

2. 防止纠纷产生，规范运作

严格执行各项规章制度，确保各项服务操作规范。

（二）积极争取政府政策和项目支持，建立示范点，发挥其示范带头作用

1. 项目扶持，带动发展

积极争取政策和项目支持，把政府采购的社会化服务做好。齐河县各级政府出台了很多政策支持鼓励专业化统防统治，在机械购置及服务上给予一定补贴，同时积极创造有利于统防统治的环境及政策。在全县 80 万亩高产创建示范方内划定统防统治示范区进行统防统治服务，通过示范区建设，提高了周边农户参与统防统治的积极性；通过项目支持，提高了专业化服务组织的能力和经济效益，使服务组织更有信心和能力做好统防统治服务。

2. 建立示范区，带动发展

从小面积示范点开始，做好服务，通过示范点带动一片；发动基层植保合作社的优势，开发基层资源，合作共赢。实践证明，示范方的带动作用明显，2014—2020 年连续在 20 万亩示范方实施的统防统治项目，得到了农民的充分认可。

2015 年，刘桥镇西杨村是统防统治项目的实施村，通过项目的实施，农民充分认识到统防统治带来的好处，在没有项目支持的情况下，以村为单位自发找到齐力新公司实施全承包统防统治作业，在西杨村的带动下，周边 7 个村都参与到统防统治中来，服务面积达 1.5 万亩。

2015—2016 年，齐河县在 8 个乡镇的万亩示范方建立了统防统治示范区，齐力新公司也以先进村、粮食种植合作社、种粮大户、家庭农场为服务核心，慢慢向四周辐射，逐渐以点带面，逐步推进，进而推动全县的统防统治再上一个新台阶。公司的优势在于地面防治与飞机防治同时进行，弥补特殊区域诸如高压线附近、河道附近无法飞防的劣势。

2017—2018 年，在齐河、禹城开展农业生产全程社会化服务 22 万亩。完成禹城冬前除草、巨野小麦统防统治和济阳县、齐河县玉米"一防双减"作业，累计作业 54 万亩次，农林喷洒作业服务 18.6 万亩次。

2019—2020 年，在巨野、禹城、商河、济阳、临朐，以及江苏随州、河南信阳等地开展农业服务业务。完成齐河县、商河农业生产全程社会化全托管服务约 8 万亩，统防统治 16 万亩次。

（三）规范公司运行机制，解决工人长期无活干的问题

植保服务季节性强，一年只服务 4~6 次，其余时间无活可干。针对这种情况，齐力新公司流转了 800 亩土地，平时安排一部分人管理土地，另外安排一部分人在公司所属农药有限公司上班。这样能把操作熟练的技工留到公司，从而避免忙时无人干，闲时人泛滥的境况。

（四）做好宣传工作，营造利于统防统治发展的氛围

一是利用多种媒体如电视、网络、报纸等，宣传专业化统防统治的做法、好处，加大宣传培训，营造发展氛围，大力推进统防统治工作。二是在电视上直播作业现场，农业部门在基层农技人员和农户培训会议上邀请服务组织授课，宣传统防统治；县委组织部在全县先进党支部书记培训会上，把齐力新公司作为学员的培训基地；先进村组织也把专业化统防统治服务作为为农民办实事重要事项来推进。

齐河县是"全国粮食生产先进县"，国家、省市的领导十分重视当地的粮食生产情况，齐力新农业服务有限公司作为齐河县农业社会化服务的龙头企业，是当地实现农业现代化的主力，连续六年被评为山东省优秀服务组织，部、省、市领导到公司参观指导工作 60 余次，每年接待全国各地参观学习的人数 1 000 多人，参与省、

市、县经验交流 40 多次。

（五）建设智慧农业平台，科技保障产业转型升级

2018—2019 年，以公司为主平台，与省农科院、山东农业大学、极飞科技公司、中化农业及北京三一智农等建立了良好的合作关系。搭建了一套自动化、智能化的智慧农业平台，利用智慧农业系统，运用精准气象、卫星遥感、无人机遥感、多光谱技术、农机监管、农田管理、无人驾驶等线上线下综合技术手段实现实时监控，并根据监测情况及时指导田间管理。现代农业新科技、新成果的转化应用，有力地支撑保障了公司服务能力及效果，提高了公司的认可度。

开展服务作业时，通过环境传感器、病虫害监视点及农机作业监测设备搜集田间信息，对农田作物的长势、病虫草害、土壤墒情等进行实时监控和精确测定，通过地理信息系统对土地、水利、植保、机械作业等环节进行统一管理，实现农业生产过程的智能化管理。应用该系统，节省劳动力，节约成本，增加收入，提高作业效率和作业质量，节约自然资源，社会、经济效益显著。

（六）推动农业标准化生产，创建了齐力新特有的"6S"服务模式

公司充分发挥农业产业化龙头带动作用，通过"公司＋合作社＋农户"服务模式，服务种粮大户、种植企业、家庭农场并通过村两委及当地合作社的力量把零散农户的土地组织起来开展全程式、菜单式等托管服务农业服务，带动农业标准化生产。服务内容包括生产资料的采购（种子、农药、化肥）、病虫害防治、化学除草、深耕深松、播种、灌溉、收获、农产品销售等单一环节订单式服务或全过程服务。对合作社社员实行统一农资供应服务标准、统一测土施肥服务标准、统一栽培管理服务标准、统一植保防治服务标准、统一农机作业服务标准、统一烘干收储服务标准"6S"服务模式。

公司现有全程化服务标准 682 项，其中采纳了国行地标 579 项，公司制定企业标准 103 项，成为农业服务行业标准化最全最细最精准的服务组织代表，2018 年通过了山东省省级标准化试验项目验收。

公司被认定为全国统防统治星级服务组织、省级农业生产社会化服务示范组织，是好麦农服农业服务联盟理事单位、中国农业生产性服务联盟理事单位、山东省作物学会理事单位、山东省植物保护学会理事单位、全国农机化协会大学生从业工作委员会成员、山东省现代农业化学产业技术研究院股东单位、齐河县焦庙镇曹虎村农科驿站的运营主体单位。

四、总结与展望

在今后的工作中，公司将继续以专业化统防统治为切入点，依靠科学的病虫害防治技术、先进的植保设备及良好的信誉服务于农民，以节本、增效、减量、控害为己任，开拓进取，大力推进专业化统防统治，扩大统防统治面积，提高效益，真正成长为山东省乃至全国农业战线上社会化服务的排头兵。真正做到让农民省心、省力、省钱，更好地服务家庭农场、粮食种植合作社和种植大户，为加快土地流转的进程增添动力。

通过与基层合作社合作，计划 3 年内在全县小麦、玉米"全托管""半托管"等不同形式的服务面积达到 150 万亩以上；降低农药使用量，推广使用现代化机械设备，助力农药零增长，为实现农业现代化做出应有的贡献。

开拓创新　争创一流

——高唐县超越农业机械服务专业合作社

一、基本情况

聊城市高唐县超越农业机械服务专业合作社，地处高唐县城东南部的琉璃寺镇。琉璃寺镇是高唐有名的"东南粮仓"，粮食种植面积大、成方连片，易于农机操作。农民外出务工居多，无暇打理自己的土地，加上一家一户的小农生产投入成本高、经济效益低，农民种地积极性越来越低。为解决"谁来种地，怎么种好地"的问题，2009 年 6 月，由琉璃寺镇许楼村村民许藏藏牵头组织，吸收 11 个农机大户为成员，在市、县农业局、农机局等相关部门指导下，在琉璃寺镇许楼村注册成立了超越农机专业合作社。

合作社本着服务农民、集中资源、节约成本、规模经营的宗旨，不断开展土地托管业务。目前社员已发展到 60 余人，固定资产达 586 万元，建有 10 间标准化机械库房，库房面积 1 500 多米²，维修车间 200 米²，总占地面积 2 460 米²。拥有大、中、小型农机具 140 台（套），其中大型拖拉机 14 台、联合收割机 8 台、免耕种机 6 台、秸秆还田机 10 台、旋耕机 10 台、土地深松机 10 台、秸秆打捆机 4 台、植保机械 8 台（套）、大型喷杆式喷雾机 24 台、中型喷枪喷雾机 10 台、弥雾机小型喷雾器 20 台、无人机 13 台、20 吨大型粮食烘干机两组，农机配套机具等一应俱全。每年开展县内外规模化经营 3 万多亩，订单服务 2 万多亩，土地流转 1 106 亩，节支增收、推动务工增收年利润 280 多万元。合作社参与省定扶贫村物资扶贫 2 万多元。

二、运作模式

(一)成立专项领导小组

由许藏藏任组长,全面负责农作物重大病虫害统防统治补助项目作业,协调农机具调配、保证后勤供给,负主要责任。

(二)成立农机合作社机防队

成立超越农机合作社机防队、病虫害防治联络队,由资历深、技术高的能手任队长,提前联系作业村党支部书记,协调作业面积,宣传农作物病虫害统防统治的优势。

(三)严格制定机防队规章制度

1. 制定农作物专业化防治农机队队长职责

农机队队长熟悉掌握农户的农作物面积及具体田块,负责对机防队队员进行技术指导、统一调度和《安全用药技术操作规程》培训,监督机防队队员每次防治后的效果。

2. 强化农作物专业化防治农机队队员职责

农机队队员服从机防队的统一管理,加强业务知识学习,按照合作社的统一要求履行工作职责,严格遵守农药安全使用操作规程,防止漏喷重喷事故发生,确保施药质量,不断强化服务意识,不断提高服务质量。

(四)确保作业任务安全完成的措施

每辆植保机械有一名车长负责对本车作业情况、保养情况、油料情况,每日总结汇报。对参加作业的驾驶员实行"五统一":统一学习农作物病虫害知识,统一油料供应,统一保养,统一后勤保障,统一安全保障。

参加农作物病虫害防治作业的人员、机械配备齐全。5台连续作业,备用1台随时听从指挥,共有车辆6台。参加驾驶员16名,每台2名，替班人员2名，联络队员2名，提前联系各村，确定作业面积。

后勤保障队配备皮卡车，供应汽油、柴油、机油，提供配件修护、保养，有2名人员负责每天对作业车辆进行卫生清理、保养检查，及时发现故障。

参与作业人员每天晚上召开作业情况汇报会议，出现情况尽快处理，确保农作物病虫害防治作业顺利进行。对驾驶员进行安全作业守则教育，对作业区域的分配，根据作业面积多少及时调整车辆，确保高标准严要求完成农作物病虫害防治作业任务。

三、取得的成效

一是2014年承担高唐县农业局高产创建项目区（固河镇、后辛村等3个村）小麦除草及病虫害防治达到4 800多亩，保质保量提前完成任务。

二是2015年秋季承担高唐县现代农业示范区粮食生产经营服务能力提升项目。小麦、玉米除草作业各完成1万亩，并且在本项目6个标段中，被农业局评为"除草效果最好的合作社"。

三是2016年完全玉米除草作业1万亩，在琉寺镇3个作业服务队中，被认定为除草完成最好、最快的标段，起到了良好的带头作用。

四是合作社在实现自身发展的同时，主动参与扶贫脱贫工作，积极承担社会责任，主动作为，为琉璃寺镇贫困村和贫困户做好服务。2016年，为三个省定贫困村秦庄村、大范村、茄子王村免费进行了一次小麦病虫害统防统治，面积达5 200亩。对许楼村的11户贫困户进行帮扶，玉米免费除草69亩。在秋种季节对贫困户免费分发复合肥。

五是2020年完成统防统治作业总亩次12.69万亩，其中小麦作业3次，玉米作业3次，棉花作业5次，承接政府统防统治7.2万亩次。近3年来，合作社共完成统防统治作业62万亩次，其中承接政府统防统治 28 万亩次。

六是合作社坚持以科学发展观为指导，积极响应"统一回收，集中处置"的精神，每次农药使用完成，自觉妥善回收包装废弃物，坚决杜绝"二次污染"。同时，加强合作社作业人员农药科学安全使用技术培训。始终坚持实施农药减量行动，力求实现农药用量零增长，引进性诱装置、杀虫灯、天敌昆虫等绿色防控产品，实施病虫害专业化统防统治与绿色防控融合，降低农药使用量。

七是 2020 年新冠疫情防控期间开展免费服务受到各级好评。合作社的自走式喷雾机喷幅 12 米，能装 700 公斤的消毒水，省时省力，一天至少可以为 12 个村消毒。连续几天，合作社组织人员在琉璃寺镇的大街小巷，只要能进得去的胡同，都喷洒到位，切实做好消毒工作，获得老百姓的认可与好评。

四、获奖情况

合作社秉承"诚信为本，服务至上"的经营理念、"安全高效、快速及时"的服务宗旨，与客户建立了良好的合作伙伴关系，自成立以来共获荣誉奖项二十余次。2009 年，被评为高唐县农民专业合作组织先进单位、聊城市先进农机专业合作社；2011 年，被聊城市农机管理局评为明星示范社，被聊城市政府评为市级示范社；2012 年，被聊城市农机局评为明星示范社，被聊城市委市政府评为全市农民专业合作社示范社，被山东省农业厅评为统防统治优秀组织；2013 年，被山东省农机管理局评为山东省第一批农机专业合作社省级示范社，被农业部评为全国农机合作社示范社；2014 年，被聊城市农业机械管理局评为聊城市农机专业合作市级示范社，被省农业农村厅评为山东省农作物病虫害专业化统防统治优秀服务组织；2015 年，被山东省农业农村厅等 10 个部门评为山东省农民合作社省级示范社，被聊城市农业委员会评为新型职业农民市级实训基地，被山东省农业机械管理局评为全省基层农机技术推广体系改革建设项目农机科技示范户；2020 年，被认定为全国农机合作社示范社、全国统防统治星级服务组织、山东省农民专业合作社示范社。

合作社将继续坚持"以人为本、规范管理、高效运作、注重效益"的内控理念，坚持"面向农村、服务农民"的宗旨，坚持"保民生、保稳健、保增长"的政策导向，坚持"社会主义新农村建设、国家两型社会建设"的发展要求，贯彻实施现代企业管理制度，克勤克俭、锐意进取、开拓创新，确保合作社全面发展。着力推进高唐县农业现代化发展进程，切实将病虫害专业化统防统治项目建设成为县现代农业的样板工程、民心工程、形象工程，实现经济效益和社会效益的双丰收。

层层落实责任
有序开展专业化统防统治

—— 东明县富民源小麦种植专业合作社

一、基本情况

富民源合作社位于东明县马头镇，主要从事农业生产经营、农业机械社会化服务、土地流转、土地托管、植物保护等项目。合作社以土地流转为基础，以市场化服务为导向，通过契约式的委托方式为种粮大户、家庭农场、村集体等新型农业生产社会化组织提供综合服务。

合作社现拥有社员 126 户，现有办公大楼 300 米²、仓库 1.2 万米²，多旋翼无人植保机 15 架、自走式高秆喷药机械 26 台、弥雾机 128 台、高压喷雾器 186 台，主要服务于东明县各个乡镇的社员及种粮大户。2020 年累计服务面积 23.6 万余亩，日作业能力达 6 000 亩以上。

二、运作模式

合作社自成立以来，按照入社自愿、退社自由、利益共享、风险共担的原则，鼓励、引导村集体成员以各种方式入股，合作社规模迅速扩大。合作社按照"服务人员持证上岗、服务方式合同承包、服务内容档案记录、服务质量全程监控"的总要求，在县农业农村局植保站等业务部门的指导下，以合作社为基础，以村级服务站为平台，以机防手为核心，以作物为单元，以服务对象为重点，层层落实责任，开展专业化统防统治作业。

由专业化防治组织提供防治药剂，配方统一由植保站及农技中心审核并监督执行，由合作社专业人员实施统防统治。与业主、村社、农户签订病虫防治协议，承包防治。重大病虫应急防控，由政府提供防治药剂，组织防控队伍，开展应急防控。这样做的优点：一是能够解决农村缺劳动力、缺技术的矛盾，又有利于粮食安全；二是种肥同播减少投入，提高农作物产量；三是专业化防治可以提高病虫害的防治效果，提高劳动效率、降低劳动强度，有利于农民增产增收，有利于促进规模化、机械化、现代化农业的发展；四是由于植保专业化防治是统一配药，统一施药，农药废弃物利于回收，可以降低环境污染，有利于环境保护；五是通过机械化收获，适时晚收，可以提高产量，通过秸秆还田，增加了土地有机质含量，提升了土质，为增加农作物产量奠定了基础。

合作社根据东明县植保站发布的病虫害预测预报，做到四个统一，即统一组织人员、统一使用低毒高效农药、统一配置农药剂量、统一喷洒农药时间，实现低成本运作、高效率防治，让利于民。

建立档案、健全财务。建立植保专业化统防统治田间档案。每次施药后作好记录，形成完整的档案资料，从而形成服务的可追溯制。在作业阶段，与操作手签订作业协议，明确责任和报酬，严格按照规程操作。同时建立健全财务制度，做到价格公开、财务公开，切切实实让农户得到专业化服务带来的实惠。

落实责任、明确职责。层层签订协议，以协议规范各自的行为。一是合作社与农户签订病虫防治服务合同，确定收费标准，保证病虫防治质量（在允许指标范围内）；二是合作社与专业队和机手签订协议，明确目标任务，保证防治时间和防治质量，农闲时做好机械的清洗、维护和保养等工作，防治结束后，按照属地分片负责，做好收费工作。通过协议的签订，明确了各自的职责和义务，从而保证合作社规范有序地运转。

强化培训，规范操作。对专业队人员进行不定期的培训，使他们能初步识别常见病虫害，了解农药基本原理和常用品种，掌握植保机械的正确使用、维护，农药配制和安全用药等知识。同时，制订了一套规范服务和统一开展防治的技术规程，在病虫防治过程中，严格按照市、县农技部门要求，实行统一决策、统一购药、统一配方、统一时间的防治模式，确保防治质量。

三、业绩成效

合作社自成立以来，在上级部门正确的引导与支持下，通过种肥同播、统防统治技术方案的实施，受到了上级有关部门的认可和赞同，2012 年合作社被评为"山东省农作物病虫害统防统治优秀服务组织"，2014 年被认定为省级示范社，2018 年被认定为国家级示范社，2019 年被认定为全国星级统防统治服务组织，2020 年刘修甫同志被评为明星合作社理事长。

四、扶贫帮困

为回报社会，做好扶贫帮困工作，按照村企联建"以企带村、以村促企、村企共赢"的指导精神，在上级安排下，合作社自2014 年起，连续两年为多个村深松土地、小麦播种，提供种子、农药、化肥，免费进行植保作业服务等工作。通过村企联建，不仅企业找到了产业发展的组织载体，而且使农村分散的生产要素找到了合适的集中平台，进而实现规模化、组织化生产，提高农业产业化、现代化程度，并以此带动农村的综合发展。合作社从扶贫工作开始到现在，共帮扶了 74 人，有 59 人脱贫。

五、目标及发展方向

合作社努力向综合性、多功能病虫害专业化统防统治专业合作社方向发展，拓宽专业化统防统治服务业务和服务范围。

　　加强合作社统防统治专业人员的业务培训，提高服务技能和服务水平。对统防统治专业人员开展农作物植保、播栽、施肥、灌溉、采收等的技术知识以及机具的使用和维修技术的培训。

　　加强实施专业化统防统治科学性、先进性的宣传，让广大农民朋友摆脱小农经济的束缚，逐步接受科学、先进的植保方式，促进农业生产的范围化、规模化、标准化、产业化发展。

　　加大对农作物病虫害专业化统防统治投入力度。在上级主管部门的正确领导下，合作社将充分发挥统防统治服务农业生产的作用，争取让农民付出最少的投资获得最大的收益，为提高粮食产量，助推农民增收做出应有的贡献。

立足服务三农　助推乡村振兴

——曹县绿源种植专业合作社

曹县绿源种植专业合作社成立于 2008 年 11 月，按照"民办、民管、民受益"的办社宗旨和"自愿、互利、民主、平等"的原则建立，章程严谨、机构健全、制度完善、管理有序、服务规范。合作社以服务三农为宗旨，以市场为导向，以科技为依托，以创建农业绿色、高质、高效为目标，不断开拓服务领域，探索自我发展新路。

一、合作社发展规范

经过 12 年的发展，合作社现有成员户 101 人，注册资金 211 万元，土地流转面积 820 亩。拥有固定办公场所 3 300 米^2，培训教室 320 米^2，机械库房 1 200 米^2。拥有大中型植保器械 1 339 台，其中大型喷杆式喷雾机 3 台、植保无人机 6 架。另有耕、种、收机械 20 余台，大型自走式卷盘喷灌机 1 台、自走式镇压机 1 台、装载机 1 台，试验示范基地 2 个，面积 2 100 亩。配备专业服务队伍 28 人，具备统防统治和耕、种、管、收专业化服务保障。

二、建立高产攻关试验区

2012 年以来，合作社积极与山东农业大学、山东省农科院、菏泽市农科院和曹县农业农村局联合，建立百亩超高产攻关试验区，通过综合运用高产优质良种、良种良法配套、先进植保设备等先进技术和设备开展绿色高产攻关，充分挖掘高产高效潜力。2016

年，经农业部和省农业厅组织实打验收，攻关区小麦亩产 808.5 公斤，刷新菏泽市小麦单产最高纪录，创造了鲁中与鲁西南小麦单产最高纪录，也是菏泽市小麦亩产首次突破 800 公斤大关；玉米亩产 1 020.9 公斤，创菏泽市单产最高纪录，实现了玉米亩产首次突破 1 000 公斤大关，辐射带动了全市粮食生产大面积均衡增产，成为粮食绿色高质高效的样板区、良种良法配套的示范区、植保新技术和新设备的展示区，实现了让农民看得见、学得会、用得上，充分发挥了示范带动作用。

三、立足服务三农，助推乡村振兴

立足当地生产实际，以服务三农为出发点，以促进农民增收为目标，在管理上实行"五统一"服务，即统一供种、统一供肥、统一病虫害防治、统一机耕机播、统一技术指导。在产前、产中、产后等环节上为农民提供全方位服务，实行规模化生产经营模式和专业化服务组织形式，大大降低农业生产成本，初步形成了"合作社＋农户＋基地"的发展模式。近几年来，为农民统一供应优质小麦良种 130 万公斤，推广配方施肥 16.8 万亩次，统一供应配方肥 8 900 吨，统一机耕机播专业化服务 13.6 万亩次，统一机收秸秆还田 7.6 万亩次，病虫草害统防统治 65.5 万亩次，累计开展农业生产社会化服务面积 116.5 万亩次，其中通过政府招标采购承接的农业生产社会化服务 65.9 万亩次，取得了较好的经济、社会和生态效益。

四、奖励荣誉

曹县绿源种植专业合作社先后被山东省科技厅认定为"山东省国家农村农业信息化示范省专业信息服务站"，被省农业农村厅认定为"山东省农民合作社省级示范社""山东省新型职业农民乡村振兴示范站""第一批农业生产性服务省级示范组织"被中国农业技术推广协会认定为"全国统防统治星级服务组织"。

　　合作社理事长郭继亮被中国科协和财政部授予"全国科普惠农兴村带头人",被农业部授予"全国粮食生产大户"(2008年),被山东省人民政府授予"齐鲁乡村之星"(2017年),被中共菏泽市委组织部授予"菏泽市第二批优秀农村实用人才"(2010年),被中共曹县县委组织部、县农业局授予"第一届曹县优秀农村实用人才",被曹县人民政府授予"曹县农业科技特派员",被菏泽市科协授予"农村科普带头人",2020年1月,被菏泽市人力资源和社会保障局评为首批"农民农艺师"。

瞄准市场需求 大力开展农作物
病虫害专业化统防统治

—— 东明县麦丰小麦种植专业合作社

近年来，随着植保无人机实际应用的深入推进，植保服务组织蓬勃兴起，农作物病虫害专业化统防统治社会化服务工作加快发展，涌现出各具特色、形式多样的统防统治服务模式。东明县麦丰小麦种植专业合作社瞄准市场需求，大力开展农作物病虫害专业化统防统治社会化服务工作，体现了基层农民专业合作社的探索、创新精神，对增强农业经营主体综合竞争力，发展社会服务型规模经营，转变农作物病虫害防治模式，确保农药减量、绿色防控，实现粮食安全具有重要意义。

东明县麦丰小麦种植专业合作社成立于2008年，位于山东省菏泽市东明县马头镇创业园，注册资金530.47万元，主营业务是以本社成员为主要对象，提供农业生产资料购买，农作物植保服务，农机作业服务，农作物种植、销售，农产品加工、运输、贮藏以及农药生产经营相关的技术、信息咨询服务等。合作社现拥有管理人员6人、合作社社员171户、植保服务农户2.28万余户、植保服务面积35万亩左右。

合作社成立以来，在东明县委、县政府的正确领导下，在东明县农业农村局、东明县植物保护站的扶持和培育下，农作物病虫害专业化统防统治社会化服务工作蓬勃发展，服务领域不断拓展，服务面积逐年扩大，给东明县马头镇农村经济发展注入了新的活力，带动了全县统防统治技术推广及规模化应用，成为当地推动现代农业发展和新农村建设的主要新生力量。

一、统防统治服务现状

东明县麦丰小麦种植专业合作社现拥有背负式机动弥雾机 50 台、自走式喷杆喷雾机 14 台、悬挂式喷杆喷雾机 6 台（套）、植保无人机 16 架、药械机具库面积 2 000 米²，拥有植保队伍成员 88 人，日作业能力 1.5 万亩以上。合作社农作物病虫害专业化统防统治社会化服务范围主要包括小麦、玉米、大豆等粮食作物，另外，还承担合作社社员及周边乡村富硒小麦种植基地的生物富硒肥营养液喷施服务工作。

合作社带动农户年种植富硒小麦、优质小麦 35 万亩，拥有年产生物富硒营养液 100 吨生产线一条，拥有年加工能力 12.6 万吨面粉进口生产线一条，拥有年加工 2 万吨富硒挂面生产线两条，生产富硒麦芯粉、富硒面包粉、富硒水饺粉、富硒长寿面（挂面）、富硒营养面（挂面）等十多个品种。合作社实现了从富硒小麦良种繁育、生物富硒肥营养液生产、富硒小麦种植、土地托管服务、农作物病虫害专业化统防统治、富硒小麦收购储藏、富硒面粉面条加工销售等环节全产业链可掌控的生产服务模式，带动了当地农村富硒小麦一二三产业融合发展。

2016 年以来，东明县麦丰小麦种植专业合作社植保团队，在东明县植物保护站领导下，努力进取、扎实服务，积极开展农作物病虫害专业化统防统治工作，2019 年被认定为"全国统防统治星级服务组织"。

二、统防统治服务成效

（一）防治效果显著提高

一家一户的留守妇女及老人对农作物病虫害缺乏科学认识，只是凭以往的经验或人云亦云的办法敷衍了事，对新发生的病虫害如小麦茎基腐病、玉米蓟马等不甚了解，不能对症下药，更不能掌握好最佳用药时间，农药使用量也是把握不准，防治时间得不到统一，害虫外逃现象普遍存在，防治效果很难得到保证。开展农作物病虫害专业化统防统治社会化服务工作后，统一防治效果显著提高，如东明县 2017 年小麦条锈病防控补助资金项目、东明县 2018 年小麦重大病虫防治补助项目等的实施，对全县小麦茎基腐病、纹枯病、小麦条锈病等防治效果显著，农民群众看到效果，得到实惠，大加称赞，纷纷要求来年继续实施。

（二）劳动效率显著提高

以往农户用手动喷雾器或背负式电动喷雾器打药主要靠人力，每人每天只能防治 5～6 亩地，玉米秸秆长高了还无法喷药，劳动强度大，劳动效率低，防治效果差。现在推广高地隙自走式喷杆喷雾机、拖拉机悬挂式喷杆喷雾机或多旋翼植保无人机等，运用市场化运作模式，实行定人、定机、定地块分片包干制度，责任到人，质量有保障，多干多得，每人每天可防治 300～600 亩地，劳动效率提高 100 倍。

（三）绿色防控减量增效

农作物病虫害专业化统防统治服务工作的开展，做到了防治成本降低，防治效果增加，克服了一家一户滥用农药、污染环境的弊端。专业化统防统治服务团队操作手都是受过职业培训、持证上岗的年轻人，文化素质高、科学防控技术强，能掌握最佳施药时间，做到对症下药、合理用量，机械雾化好、施药均匀，既能降低农药用量，又能保证防治效果，实现了农药减量增效、粮食生产安全的效果，生态效益显著。

（四）社会效益显著

农作物病虫害专业化统防统治服务工作的开展，解决了外出务工、经商人员的后顾之忧，解决了农民既想在外务工、经商，又要在家务农的矛盾，减少了路途奔波的开支，减轻了社会交通压力，也减轻了留守妇女、老人的劳动强度，具有显著的社会效益。

三、统防统治服务主要做法

（一）响应号召，积极争取统防统治服务项目

在国家强农惠农政策的持续拉动下，各级政府部门推动力度不断加大，通过国家药械购机补贴政策和农作物重大病虫害统防统治服务政府采购项目的实施，对农作物病虫害专业化统防统治服务组织进行政策资金扶持。合作社拥有了高性能、高科技、新技术的设备，机具上既有量的突破，又有了质的突破。农作物病虫害专业化统防统治服务项目逐年增多，有力助推了合作社服务能力的迅猛发展，服务水平迅速提升。

（二）加强培训，提高作业人员统防统治服务水平

积极与农业植保部门加强合作，做好无人机等植保服务作业人员的技术培训工作，提高作业人员在安全意识、服务理念、作业质量、职业道德等方面的素质、水平。通过开展农作物病虫害专业化统防统治服务培训大行动、农业知识阳光工程培训、农广校新型职业农民教育培训、新型农业经营主体带头人培训等活动，不断提高服务人员的技术素质，以确保服务质量达到规范化水平。

（三）加强宣传，营造统防统治绿色防控理念浓厚氛围

在每年合作社举办的多期的农业技术培训中，不断加强农作物病虫害"统防统治、减量增效、绿色防控、粮食安全"等方面的理论宣传，让农民认识到"预防为主、综合防治""公共植保、绿色防控"理念的重大意义。同时，提议植保部门、电视台等相关部门，开办"绿色植保"栏目，利用手机互联网平台、微信群、病虫情报等信息平台，发布农业防治、生物防治、物理防治、生物农药等绿色防控信息 3 600 余条，发放绿色植保技术明白纸 12 期共 2.4 万份。

（四）依靠平台，扩大跨区域作业服务范围

每年农作物病虫害防治关键季节，尤其是小麦"一喷三防"项目、玉米"一防双减"项目政府采购季节，合作社依靠政府采购信息平台，搜索农业社会化服务信息，积极参与投标，包括本区域及区域外的招投标，扩大跨区作业服务范围，充分发挥合作社资源优势，通过开展订单作业、跨区作业等服务形式，达到人尽其能、物尽其用、资源互补、协同发展的目的，有效解决了农村劳动力严重不足的现实问题。

四、统防统治服务几点体会

（一）统防统治提高了病虫害防治效果，从根本上解决了农民不接受技术指导的困惑

以往让农民开展病虫防治时，技术人员开展技术培训，指导认虫识病，指挥施药，农民大部分不接受技术人员指导，而是按照乡村农药店经销商推荐的农药配方施药，他们推荐各自代理的农药品牌，农民们无所适从，且用药量大，造成污染严重。几年来随着统防统治服务的逐步开展，尤其是农业植保部门小麦"一喷三防"、玉米"一防双减"项目的实施，政府统一采购，农药质量有保障，药效质量有保障，成本低效率高，农民无偿或象征性地每亩付5元钱成本费，使农民群众无形中摆脱或减轻了病虫防治的困惑。

（二）统防统治推广绿色防控理念，从根本上保障了粮食质量安全

高毒、高剂量、高残留，甚至违禁农药的使用，是造成粮食质量安全问题的根本所在。农作物病虫害专业化统防统治服务工作的开展，从源头上使农药减量增效、公共植保与绿色防控理念得以实施，也从源头上解决了粮食质量安全问题和农药造成的环境保护问题。

（三）统防统治服务工作深得人心，项目经费来源及农民应分摊部分的征收问题有待于进一步探讨

虽然近几年政府采购统防统治服务，但只是全县局部的几万亩、十几万亩或几十万亩，全县全覆盖的程度能否达到，有待于防治经费的进一步落实，希望各级政府财政部门继续有专门的经费加以扶持，以便这一深得人心的工作得以全面开展，确保粮食质量安全，造福万民，惠及子孙。

第三章

政策文件与获得荣誉

山东省农业厅文件

鲁农保字〔2011〕4号

印发关于大力推进农业有害生物专业化统防统治意见的通知

各市农业局（农委）：

为切实做好我省病虫害专业化统防统治工作，经研究，制定了《关于大力推进农业有害生物专业化统防统治的意见》。现印发给你们，望认真组织实施。

二〇一一年四月十八日

关于大力推进农业有害生物
专业化统防统治的意见

为切实做好我省专业化统防统治工作，提升农业有害生物防控能力，保障农业生产安全，特提出本意见。

一、高度重视专业化统防统治工作

农业有害生物专业化统防统治是建设新型社会化服务体系，促进现代农业发展的客观需要，是提升农业有害生物灾害防控能力和水平的重要途径，是减少环境污染，保障农业生产安全、农产品质量安全，促进生态环境安全和农业可持续发展的重要措施，是践行"公共植保，绿色植保"理念的重要抓手。实行专业化统防统治能够减少农药用量，降低防治成本，提高防治效果，增加防治收益。2008年以来，中央连续在一号文件中提出"大力推进农作物病虫害专业化统防统治"要求，2011年春季，国务院常委会决定拨付资金，专项用于小麦有害生物专业化统防统治补助。农业部印发了《关于推进农作物病虫害专业化防治的意见》，在全国开展了农作物病虫害专业化统防统治"百千万行动"，并将大力推进病虫专业化统防统治作为全国种植业八项重点工作之一。我省自2008年起，先后启动实施了"专业化防治提升工程""发展现代农业植保专项""全省专业化防治体系建设"等项目，为大力推进专业化统防统治工作奠定了良好的基础。各地要充分认识做好农业有害生物专业化统防统治工作的重要性、紧迫性，高度重视，抓住机遇，精心组织，广泛发动，将专业化防治工作作为农业重要工作切实抓紧抓好。

全省开展专业化统防统治工作的指导思想是，以科学发展观为指导，以落实"预防为主、综合防治"的植保方针和"公共植保、绿色植保"理念为宗旨，以"提高防效，减少用药，降低成本，保障生产"为目标，积极稳妥发展多种形式的专业化防治组织，逐步扩大以整建制、全程承包方式为主的农业有害生物专业化统防统治覆盖面，全面提升应对重大病虫的防控能力。

二、大力促进专业化统防统治组织建设

专业化统防统治服务组织是推进农作物病虫害专业化统防统治的基础和载体。目前，我省现有各种形式专业防治组织 2 000 多支，还存在着地区间发展不平衡，组织数量偏少、规模较小、作业能力差、装备水平低、管理不规范等问题，远远不能适应我省农业重大病虫统防统治的需要。

（一）积极创建多元化服务组织

各地要在壮大原有专业化统防统治服务组织的基础上，按照"政府支持、市场运作、自愿互利、规范管理"的原则，继续引导各种农民专业协会、合作社、生产基地、农场及乡镇、村等组建专业化防治组织，并积极鼓励具备一定运营规模和市场竞争力的社会团体和企业进入农业有害生物专业化防治领域，扩大组织运作规模，大力扶持规范运行、自我发展、有生命力的专业化服务组织，保障组织成员稳定和服务组织的可持续发展。

（二）规范管理专业化防治组织

按照"服务组织注册登记，服务人员持证上岗，服务方式合同承包，服务内容档案记录，服务质量全程监管"的要求，建立"六有"专业化服务组织，即有工商注册的法人资格、有固定经营场所、有稳定作业队伍、有植保信息员、有作业技术规程、有服务档案。逐步完善各项制度，规范管理和运行。对实施现代农业项目植

保专项和省农业重大有害生物专业化防治体系建设项目建立的专业化防治组织，要严格按照条件要求进行规范管理，尽力做强做大，确保项目建立的专业化防治组织正常运转，充分发挥项目的投资效益。

（三）探索创新专业化服务模式

各地要在原来主要以代治、阶段性承包、按病虫单次承包作业的基础上，因地制宜地积极探索创新专业化服务模式。按照农业部"整建制，全承包，签合同，补组织"新要求，提高专业化统防统治服务组织的标准，以作物全程承包服务为基本模式，建立整村、整乡专业化统防统治示范区，逐步实现整县甚至跨区域的统一防治和联防联控。植保部门要协助专业化服务组织开展以作物为单位的全生育期病虫害防治统防统治，与农户签订合同。服务组织按照农药等主要防控投入品的"统购、统供、统配、统施"的四统一模式进行作业，不断拓宽专业化防治服务组织的服务领域和服务范围，在统防统治服务区域内，逐步实现病虫统一防治，农事统一管理，使农民、机手和服务组织共赢。

（四）努力增强专业化防治服务组织装备水平

加强专业化服务组织的装备水平，是搞好专业化统防统治的关键。作业机械落后，已经成为发展专业化统防统治的"瓶颈"。要积极引进先进植保机械，筛选出适合不同作物使用的劳动强度低、施药质量好、作业效率高的施药机械推荐给专业化服务组织。要充分利用各级扶持专业化统防统治的资金和项目，积极引导和协助专业化服务组织利用国家农机购置补贴政策购置适宜的植保装备，努力提高植保作业的机械化水平和服务组织装备水平。

三、努力扩大专业化统防统治覆盖率

农业部要求到"十二五"末，全国重大病虫专业化统防统治率增加 18 个百分点，达到 30％以上。目前我省专业化统防统治率较低，要实现上述目标，任务十分艰巨。

各地要在搞好专业化统防统治示范区的基础上，放大示范效应，增强辐射功能，广泛发动，精心组织，以小麦、玉米等主要粮食作物为重点，逐步向棉花、果树、蔬菜等多种作物发展。针对灰飞虱、麦蚜、条锈病、棉铃虫、小麦玉米田杂草等重大病虫草害，开展大规模的专业化统防统治作业。特别是小麦穗期"一喷三防"、麦田玉米田化学除草、玉米苗期防治灰飞虱等措施，更能充分显示专业化统防统治效率高、防效好、成本低的优势，要全力做好。各种作物高产创建示范田和标准化生产基地等优势区域，要尽快实现全程承包模式的统防统治全覆盖。逐步使我省病虫防治机制由分散防治转为专业化统防统治，防治手段由人工防治转变为机械防治，防治用药由一家一户转变为专业化服务组织统购统配，切实提升我省农业病虫害的防控能力和水平，保障农业安全生产。

四、强化落实专业化统防统治保障措施

专业化统防统治工作，是发展现代农业产生的新生事物，工作量大，涉及面广，技术性强，是一项复杂的社会系统工程，必须强化落实专业化统防统治各项保障措施。

（一）加强组织领导，加大支持力度

各地要高度重视病虫专业化统防统治工作，把病虫专业化防治纳入各级政府及农业部门重大有害生物防控指挥工作中，列入各级农业部门的重要工作日程和考核内容。要加强组织领导，落实工作责任，科学合理地制定适合本地区实际的病虫专业化防治发展规划。各级争取以政府的名义印发一个关于推进病虫专业化防治的指导意见，以确保推进专业化防治各项措施的落实。紧紧抓住当前国家推进专业化统防统治和农技服务体系建设重大机遇，争取各级政府加大政策、项目、资金扶持力度，重点用于扶持服务组织建设，提高装备水平和专业化统防统治作业补贴等。积极争取专业化防治组织在注册、工商登记、税费减免等方面的优惠政策。承担农业部"千县亿亩统防统治行动计划"和"省农业重大有害生物专业化防控体系建设"项目的市县，要按照项目要求，切实将各项任务落实好。

（二）完善制度建设，加强监督管理

各级农业部门要会同有关单位，因地制宜地制定专业化统防统治管理办法，规范专业化服务组织的认定标准、服务作业行为和防治效果认定标准，探索建立行业准入考核制度和防治效果、药害等鉴定和纠纷仲裁机制。通过建立制度，按专业化服务组织标准严格登记准入，掌握组织发展运转情况，及时协助解决专业化防治中出现的争议和困难。对专业化服务组织的组建或撤销、服务方式、收费标准、用药规范、机械配置和使用保管、防效保障等环节进行监管，规范专业化服务组织的组建和运行行为，不断提高专业化服务组织建设与服务质量。要认真防减各类风险，探索建立化解自然灾害、人为损失、意外伤害等风险的长效机制。各级农业部门要积极配合协调，争取逐步将专业化统防统治纳入农业政策性保险范畴，引导鼓励专业化服务组织购买农业保险、病虫害专业化统防统治责任险和机手人身意外伤害险，为专业化统防统治创造良好的发展环境。

为了促进我省专业化统防统治工作健康发展，强化对服务组织的指导与管理，规范服务组织行为，全省将统一制作农业病虫害专业化统防统治服务组织标志。

（三）加强宣传培训，强化技术支撑

要采取各种有效措施，通过专题汇报，召开启动会和现场观摩会，利用各种新闻媒体，张贴标语等，开展各种形式的宣传培训。要做到方方面面发动，轰轰烈烈宣传，扎扎实实培训，营造推进专业化统防统治大发展的社会氛围。各地要分层次加强对农民、专业

化统防统治从业人员和植保技术人员培训。整合培训资金和各种培训项目，重点培训安全用药、防治技术、机械维修、政策法规、职业道德和管理知识等，逐步形成业务精、素质高、反应快、成效好的专业化防控体系。特别要强化对农民的培训，转变农民思想意识，让农民自觉接受专业化防治服务。

各级植保机构要切实做好农作物病虫害专业化防治组织的服务工作。要积极为各类农业有害生物专业化防治组织提供无偿的技术信息、病虫信息、技术培训和田间作业指导服务，不断提高专业化统防统治服务的科技水平，帮助他们拓宽服务市场。积极引导专业化防治组织开展除化学防治以外的农业防治、物理防治、生物防治等综合防治，指导专业化防治队伍及时开展应急防治。要积极引进先进植保机械，加强田间应用试验研究，筛选出适合不同作物使用的高效率施药机械。要集成农业防治、物理防治、生物防治、绿色控害等多种技术，优化组合病虫害防治技术，努力增加绿色防控技术在专业化统防统治中的比例。

(四) 狠抓示范样板，发挥带动作用

各级要继续抓好专业化统防统治示范区建设，及时总结优秀专业化统防统治服务组织经验，培育典型，抓点带面。全省以农业部农作物病虫害专业化统防统治"百千万行动""千县亿亩"行动计划、省现代农业项目植保专项和农业重大有害生物专业化防治体系建设项目示范县为基础，层层建立示范区，重点抓好5个省级示范点，每市都要培育2~3个优秀专业化统防统治服务组织，建立整建制全程承包专业化防治示范典型村或乡1~2个，每县都要培育出1~2个跨入全国优秀行列的专业化防治服务组织。省厅在做好全国优秀专业化统防统治服务组织挂牌推荐工作的同时，奖励在专业化统防统治工作中做出突出成绩的组织和个人，充分发挥示范作用，带动全省专业化统防统治健康发展。

山东省植物保护总站文件

鲁植保〔2012〕14号

关于印发《山东省农作物病虫害专业化统防统治标志使用暂行规定》的通知

各市植保站：

为大力推进我省农作物病虫害专业化统防统治，加强农作物病虫害专业化统防统治服务组织的指导与管理，我站制定了《山东省农作物病虫害专业化统防统治标志使用暂行规定》。现印发给你们，请遵照执行。

二〇一二年五月七日

山东省农作物病虫害专业化
统防统治标志使用暂行规定

为促进我省农作物病虫害专业化统防统治健康发展，强化农作物病虫害专业化统防统治服务组织的指导与管理，规范农作物病虫害专业化统防统治服务组织行为，我站制作了山东省农作物病虫害专业化统防统治标志，现将标志使用管理有关事宜规定如下。

一、山东省农作物病虫害专业化统防统治标志是对从事农作物病虫害专业化统防统治服务组织的服务行为实行有效监管，用以证明其使用者符合农作物病虫害专业化统防统治有关规定条件的专业化服务组织。

二、使用山东省农作物病虫害专业化统防统治标志，首先在山东省农业重大有害生物专业化防控体系建设项目县推广应用。非项目县的专业化统防统治服务组织使用须向所在县级植保机构提出申请，由县级植保机构初审合格后，报山东省植物保护总站审定后授权无偿使用。未经批准授权，任何单位和个人都无权使用此标志。

三、该标志的使用范围限于农作物病虫害专业化统防统治服务组织门面、示范区标识牌、室内、宣传物品、车辆、合同、设备设施、机防手防护用具等。使用该标志的农作物病虫害专业化统防统治服务组织应当维护标志的严肃性和公信力。未经山东省植物保护总站批准，不得转让任何单位和个人用于其他方面。

四、该标志使用权自批准之日起三年内有效。如继续使用，须在有效期满前九十天内重新申报，未重新申报的，视自动放弃使用权。

附件1：山东省农作物病虫害专业化统防统治标志

附件2：山东省农作物病虫害专业化统防统治标志使用申请书

附件 1

山东省农作物病虫害专业化统防统治标志

标准中文字体:长城大黑体

标准色: R0 G146 B63　　　　R255 G245 B0

"中国·山东"为楷体

附件2

山东省农作物病虫害专业化
统防统治标志使用申请书

服务组织基本情况	服务组织名称		法人代表	
	办公地址		联系电话	
	服务内容		服务区域	
	服务面积（亩）		机手人数（人）	
	装备情况			
申请理由				（盖章） 年　月　日
县级植物保护机构审核意见				（盖章） 年　月　日
省级植物保护机构审核意见				（盖章） 年　月　日

山东省农业厅文件

鲁农保字〔2012〕11 号

关于公布山东省农作物病虫害专业化统防统治山东省全国"百强服务组织"和"十佳服务组织""优秀服务组织"名单的通知

各市农业局（农委）：

　　近年来，我省农作物病虫害专业化统防统治工作取得长足发展，特别是实施"山东省农作物病虫害专业化防控体系建设项目"三年来，培植了一大批规模较大、运转良好、管理规范的服务组织，起到了很好的辐射带动作用。为进一步推进农作物病虫害专业化统防统治，按照农业部农办农字〔2012〕46 号和农业厅鲁农发电〔2012〕70 号文件关于评选专业化统防统治优秀服务组织活动的要求，本着客观、公正的原则，对各地推荐的 129 个服务组织进行了审查和评比，确定出 50 个农作物病虫害专业化统防统治优秀服务组织（见附件）。其中，桓台县供销益农粮食种植农民专业合作社等 6 个服务组织将由农业部办公厅授予全国农作物病虫害专业化统防统治"百强服务组织"；对夏津县农家丰植保服务专业合作社等 10 个服务组织授予山东省农作物病虫害专业化统防统治"十佳服务组织"。

各级农业部门要强化引导服务，加大政策扶持，通过典型引路、示范带动，在更高层次、更大规模上推进农作物病虫害专业化统防统治，为保障农业生产安全、农产品质量安全和农业生态安全做出更大贡献。

附件1：山东省全国农作物病虫害专业化统防统治"百强服务组织"名单

附件2：山东省农作物病虫害专业化统防统治"十佳服务组织"名单

附件3：山东省农作物病虫害专业化统防统治"优秀服务组织"名单

二〇一二年十一月三十日

附件1

山东省全国农作物病虫害专业化统防统治
"百强服务组织"名单
（6个）

桓台县供销益农粮食种植农民专业合作社
莱州市祝家植保专业合作社
泰安市岳洋农作物专业合作社
邹城市禾润植物保护专业合作社
济南市章丘区水寨芳辉粮食种植专业合作社
青岛丰诺植保专业合作社

附件2

山东省农作物病虫害专业化统防统治
"十佳服务组织"名单
（10个）

夏津县农家丰植保服务专业合作社

滨州市沾化区全利冬枣农民专业合作社

莱芜市植保堂病虫草害防治专业合作社

济南市章丘区万新富硒大葱专业合作社

济南市长清区红太阳农作物种植专业合作社

滕州市级翔机防专业合作社

招远市海达植保专业合作社

威海市文登区永丰农机专业合作社

成武县光华小麦种植专业合作社

五莲县沃野植保专业合作社

附件3

山东省农作物病虫害专业化统防统治
"优秀服务组织"名单
（50个）

桓台县供销益农粮食种植农民专业合作社

莱州市祝家植保专业合作社

泰安市岳洋农作物专业合作社

邹城市禾润植物保护专业合作社

济南市章丘区水寨芳辉粮食种植专业合作社

青岛丰诺植保专业合作社

夏津县农家丰植保服务专业合作社

滨州市沾化区全利冬枣农民专业合作社

莱芜市植保堂病虫草害防治专业合作社

济南市章丘区万新富硒大葱专业合作社

济南市长清区红太阳农作物种植专业合作社

滕州市级翔机防专业合作社

招远市海达植保专业合作社

威海市文登区永丰农机专业合作社

成武县光华小麦种植专业合作社

五莲县沃野植保专业合作社

商河县中海农业产业化合作社

青岛坤盛植保专业合作社

青岛森绿植保专业合作社

淄博市临淄路山病虫害防治专业合作社

淄博市张店千村病虫害防治专业合作社

滕州市兴和农作物病虫害防治专业合作社

广饶县永丰植保农民专业合作社

东营市垦利区植保社会化服务协会

海阳市惠民粮食专业合作社

莱阳市丰禾植保专业合作社

潍坊市寒亭区俊清蔬果专业合作社

青州市南小王农业技术服务专业合作社

安丘市安达植保服务有限公司

汶上县新力农业机械农民专业合作社

邹城市五谷丰植保专业合作社

邹城市保丰收植物保护专业合作社

泰安市汶农种子合作社

肥城市润农植保农民专业合作社

乳山市崖子镇青山果业病虫害防治服务中心

荣成市虎山农业种植专业合作社

莱芜市莱城区利兴种植专业合作社

滨州市滨城区中裕谷物专业合作社

滨州市沾化区西贾冬枣专业合作社

庆云县金利农植保专业合作社

齐河县千村植保病虫害机防专业合作社

陵县金丰植保专业合作社

阳谷县山东双赢农业科技发展有限公司

高唐县超越农业机械服务专业合作社

兰陵县苍垦种植农机化服务农民专业合作社

郯城县育新水稻农机化服务农民专业合作社

临沭县金农庄种植专业合作社

东明县富民源小麦种植专业合作社

郓城县庆丰农作物病虫害防治专业合作社

莒县世法植保专业合作社

　　　山东省农业厅办公室　　　　2012 年 11 月 30 日印发
主动公开

山东省农业厅文件

鲁农保字〔2015〕5号

山东省农业厅关于公布2014年度
山东省农作物病虫害专业化统防
统治优秀服务组织的通知

各市农业局（农委）：

为进一步推进农作物病虫害统防统治，省农业厅组织开展了全省农作物病虫害专业化统防统治优秀服务组织评选工作，经县级推荐、市级初评和省级评选，共评选出济南市章丘区水寨芳辉粮食种植专业合作社等50个服务组织为"2014年度山东省农作物病虫害专业化统防统治优秀服务组织"。现予公布。

各级农业部门要大力宣传统防统治优秀服务组织，加大政策扶持，通过典型引路、示范带动，在更高层次、更大规模上推进农作物病虫害专业化统防统治，为促进现代农业发展，保障农业生产安全、农产品质量安全和农业生态安全建立坚实基础。

附件：2014年度山东省农作物病虫害专业化统防统治
优秀服务组织名单

山东省农业厅
2015年3月4日

附件

2014 年度山东省农作物病虫害专业化
统防统治优秀服务组织名单
(50 个)

济南市章丘区水寨芳辉粮食种植专业合作社
商河县保农仓农作物种植专业合作社
济南市一诺农业技术有限公司
商河县林玉粮食种植专业合作社
青岛市红禾谷植保专业合作社
青岛市丰安植保专业合作社
青岛市农鑫植保专业合作社
桓台县供销益农粮食种植农民专业合作社
淄博市齐民旺植保专业合作社
淄博市张店千村病虫害防治专业合作社
滕州市益农农作物病虫害防治专业合作社
滕州市级翔机防专业合作社
枣庄市山亭区万恒土地流转专业合作社
广饶县益农植保农民专业合作社
利津县利农植保农民专业合作社
莱阳市丰禾植保专业合作社
招远市新良种植专业合作社
莱州市丰阳植保专业合作社
招远市顺丰植保专业合作社
诸城市百社千村农业植保专业合作社
临朐县瑞盛农业植保服务专业合作社
安丘市供销农业生产资料有限责任公司
梁山县金诺农作物种植专业合作社
嘉祥县农家人玉米种植专业合作社

济宁市丰卫植物保护专业合作社

邹城市农旺植保专业合作社

泰安市岳洋农作物专业合作社

新泰市喜耕田农机专业合作社

泰安市汶粮农作物专业合作社

泰安市烟农供销农资有限公司

荣成市虎山农业种植专业合作社

威海市文登区鑫迪小麦专业合作社

莱芜市啄木鸟农业病虫害防治专业合作社

无棣县绿风植保服务专业合作社

滨州市滨城区绿丰农作物病虫害防治专业合作社

惠民县农友植保技术推广专业合作社

山东齐力新农业服务有限公司

夏津县农家丰植保农机服务专业合作社

临邑县富民小麦种植专业合作社

阳谷县丰高粮食种植专业合作社

东阿县现代粮棉种植专业合作社

阳谷县贯合植保专业合作社

高唐县超越农业机械服务专业合作社

山东凤凰通用航空服务有限公司

郯城县纪昌农业机械化服务农民专业合作社

山东联众农机化种植专业合作社

成武县传民谷物种植专业合作社

郓城县富郓农业社会化服务专业合作社

巨野县瑞祥种植专业合作社

五莲县沃野植保专业合作社

抄送：农业部种植业管理司、全国农业技术推广服务中心

山东省农业厅办公室　　　　2015 年 3 月 4 日印发

山东省农业厅文件

鲁农政法字〔2015〕8 号

山东省农业厅关于印发山东省农作物病虫害专业化统防统治管理办法的通知

各市农业局（农委），各处室，厅属各单位：

　　为加强农作物病虫害专业化统防统治组织管理，有效防控农作物病虫害，保障农业生产安全、农产品质量安全和生态环境安全，依据《中华人民共和国农业法》《农作物病虫害专业化统防统治管理办法》和有关法律法规，结合我省实际，省农业厅研究制定了《山东省农作物病虫害专业化统防统治管理办法》。现印发给你们，请认真遵照执行。

山东省农业厅

2015 年 6 月 18 日

山东省农作物病虫害专业化
统防统治管理办法

第一章 总 则

第一条 为加强农作物病虫害专业化统防统治组织管理，规范其服务行为，提升病虫害防治能力和水平，有效控制农作物病虫害的发生与危害，保障农业生产安全、农产品质量安全和生态环境安全，依据《中华人民共和国农业法》《中华人民共和国农业专业合作社法》《农药管理条例》《农作物病虫害专业化统防统治管理办法》等法律、法规、规章，结合本省实际，制定本办法。

第二条 本办法所称农作物病虫害专业化统防统治（以下简称"专业化统防统治"），是指具备相应植物保护专业技术和设备的服务组织，开展社会化、规模化、契约性的农作物病虫害防治服务的行为。

第三条 各级政府和农业行政主管部门应当按照"政府支持、市场运作、农民自愿、循序渐进"原则，制定政策措施，以资金补助、物资扶持、技术援助等方式扶持专业化统防统治组织的发展，大力推进专业化统防统治。

第四条 县级以上人民政府农业行政主管部门主管本辖区内的专业化统防统治工作，其所属的植物保护机构具体负责本辖区工作。

第五条 专业化统防统治组织，应当以服务农民和农业生产为宗旨，树立"科学植保、公共植保、绿色植保"理念，按照"预防为主、综合防治"的植物保护方针，开展病虫害防治服务工作。

第二章　组织管理与指导

第六条　鼓励和支持经工商或民政部门注册登记的专业化统防统治组织（经营范围应含有病虫害防治相关内容），向登记地县级农业植物保护机构申请备案。

第七条　专业化统防统治组织向农业植物保护机构申请备案，应当提供以下材料：

（一）工商或民政部门注册登记证复印件；

（二）组织章程；

（三）有关管理制度；

（四）防治队员名册及资格证书；

（五）法人代表身份证复印件；

（六）植保设备等其他说明材料。

第八条　经审查备案的专业化统防统治组织，由当地县级农业植物保护机构颁发《山东省——县（市、区）农作物病虫害专业化统防统治组织备案登记证》，并定期审核。备案的专业化防统治组织授权使用山东省统一的农作物病虫害专业化统防统治标志。

第九条　农业行政主管都门对备案的专业化统防统治组织，在重大病虫防控等相关项目给予优先扶持；对服务规范、信誉良好、业绩突出的专业化统防统治组织，应当向社会推荐并给予重点扶持和表彰奖励。

第十条　提供病虫测报、农药、药械等信息服务和病虫防控技术培训与指导。

第十一条　发生突发性农作物重大病虫灾害，专业化统防统治组织应当积极配合应急防治行动。

第十二条　专业化统防统治组织应当自觉接受农业植物保护机构的监督管理，积极组织相关人员参加技术培训。

第三章　统防统治作业要求

第十三条　专业化统防统治组织应当根据农作物病虫害发生信息和植物保护机构的指导意见，与服务对象商定科学防治方案，签订合同，并按照合同开展防治服务。

第十四条　专业化统防统治组织应当采用农业、物理、生物、化学等综合措施开展病虫害防治服务，按照农药安全使用有关规定科学使用农药。

第十五条　专业化统防统治组织开展防治作业，应当在相应的区域，通过设立警示牌、发布公告等形式，广而告之，防止人畜中毒和伤亡事故发生。

第十六条　防治作业结束后，专业化统防统治组织应当对防治效果进行调查，达不到合同要求的应及时采取补救措施。

第十七条　跨区域防治作业时，专业化统防统治组织应当接受属地农业植物保护机构的监督管理。

第十八条　专业化统防统治组织应当建立服务档案，如实记录农药使用品种、植保机械、农药用量、浓度、施药时间、区域、天气等信息，与服务合同、防治方案一并归档，并保存两年以上。

第十九条　专业化统防统治组织应为防治队员投保人身意外伤害险，并配备必要的作业防护用品。防治队员应当做好自身防护。

第二十条　专业化统防统治组织应当安全储藏农药和药械等有关防治用品；建立专门的药液配制设施，配备储运设备；妥善处理农药包装废弃物，防止药液渗漏、有毒有害物质污染环境。

第四章　监督和评估

第二十一条　县级以上农业行政主管部门负责专业化统防统治组织的监督管理。

第二十二条　各级农业植物保护机构可以对专业化统防统治组

织的服务质量、服务能力等方面进行评估。专业化统防统治组织与服务对象对病虫防治效果存在争议的，可以提出申请，由当地农业植物保护机构组织进行防治效果的评估、认定。

第二十三条 专业化统防统治组织有下列行为之一的，由县级以上农业行政主管部门予以批评教育、限期整改；已经备案和接受国家扶持的专业化统防统治组织，视违规情节和整改情况，可以取消其备案资格，收回扶持资金和设备；构成违法的，依法追究法律责任：

（一）不按照服务协议履行服务的；

（二）违规使用农药的；

（三）以胁迫、欺骗等不正当手段收取防治费的；

（四）作业人员未采取作业保护措施的；

（五）不接受农业植物保护机构监督指导的；

（六）其他坑害服务对象和违规作业的行为。

第五章 附 则

第二十四条 本办法自 2015 年 8 月 1 日起施行，有效期至 2020 年 7 月 31 日，由省农业厅负责解释。

山东省农业厅
山东省财政厅文件

鲁农财字〔2016〕19号

山东省农业厅　山东省财政厅
关于组织实施 2016 年山东省农业病虫害
专业化统防统治能力建设示范项目的通知

各市农业局（农委）、财政局，有关省财政直接管理县（市）农业局（农委）、财政局：

为加快培育农业生产社会化服务组织，提高农业重大病虫防控能力，2016 年省农业厅、省财政厅确定继续实施山东省农业病虫害专业化统防统治能力建设示范项目。现将有关事项通知如下：

一、实施原则

坚持"预防为主、综合防治"，贯彻"科学植保、公共植保、绿色植保"的理念，按照"政府支持、市场运作、自愿互利、规范管理"的原则，扶持一批规模较大、运转良好、辐射带动能力强的专业化防治服务组织，提高装备水平，加强规范管理，扩大作业规模，全面提升农作物病虫害综合防控能力和水平，为农业生产提供专业化、规范化、机械化、全程化服务。

二、示范县选择条件

从农业生产大县、病虫常发重发区和脱贫任务比较重的县中，选择 20 个示范县，须具备以下条件：

1. 农业生产大县。粮食作物种植面积 50 万亩以上，或果菜等作物种植面积 10 万亩以上。

2. 病虫害发生重。农作物病虫害常发、重发，对农业生产和农民收入影响较大。

3. 专业化防治基础好。拥有 3 个以上达到以下条件的防治组织：正式注册登记，日作业能力 1 000 亩以上，制度健全、管理规范且盈利运行。有获得国家和省优秀服务组织的县优先选择。

4. 植保技术力量强。植保站人数、专业技术力量比重，必须符合省现代植保体系建设要求，确保能开展技术培训、指导服务组织作业和提供相关服务等。

5. 同等条件下，优先选择脱贫任务比较重的县承担项目。

三、建设内容

每个示范县扶持 2～3 个专业化防治服务组织，建立 2 万亩粮食作物全程承包统防统治示范区和 1 000 亩园艺等其他作物全程承包统防统治示范区。

服务组织和示范区要设立全省统一格式的门面和标志牌。扶持后的每个服务组织，日作业能力达到 2 000 亩以上，实现"六有"标准，即：有工商注册的法人资格，有固定经营场所，有稳定作业队伍，有植保信息员，有作业技术规程，有服务档案。其中，仓储面积不少于 100 米^2；开展作物全生育期病虫害统防统治全程承包，整建制乡或村全程承包面积不低于本县统防统治作业总面积的 20％。承担该项目的脱贫任务比较重的县，每个获得财政专项资金扶持的农民合作组织，应至少吸纳 10 个建档立卡贫困户并脱贫。有扶贫任务的县的农业企业承担该项目，要相应承担扶贫攻坚任务，帮扶建档立卡贫困户不少于 10 户或吸纳农村贫困人口就业不少于 10 人。

四、资金用途和补助标准

省财政补助每个示范县 100 万元，全部用于购置植保无人飞行喷雾机和单机日作业能力 300 亩以上的大型施药机械和防护装备。为保证采购的植保机械等装备的质量和性能，由省植保总站统一组织招标，确定供货企业名单、产品目录和最高限价。示范县分别从入围的目录中自主选择产品，并与供货企业签订供货合同，供货价格不得高于最高限价。需要配备智能无人直升飞行喷雾机的项目县，方案上报前要与省植保总站沟通，经同意后方可选择；配备的设备要明确到具体服务组织。

市、县级财政部门根据需要对项目宣传培训、建档立制、标志牌制作等给予适当补助。

五、实施步骤和进度安排

2016 年 4—6 月，推荐示范县，示范县编制上报项目实施方案，省里进行审核和批复；

2016 年 6—7 月，召开项目部署会，采购设备；

2016 年 7—12 月，建立示范区，培训防治队员，开展专业化防治作业，工作检查，中期评估，项目完成后总结、验收。

六、工作要求

（一）认真推荐示范县。各市要根据示范县条件要求，认真选择推荐示范县，并对省财政直接管理县（市）统筹考虑（分配名额见附件1）。示范县实施方案（提纲见附件2）经市级农业、财政部门审查后，连同证明材料（附件3）、带动农户情况（附件4、5），于6月10日前，联合行文报送省植保总站（2份）、省财政厅（1份），同时发送电子文档至省植保总站（sdfzk2009@163.com）。

（二）加强项目监管。各项目县要完善项目管理制度，规范项目实施程序，建立项目实施档案，确保项目成效。省里将进行中期评估和不定期检查，在项目完成后组织验收。各级农业、财政部门要加强对项目实施工作的督促检查和政策咨询，确保项目顺利实施。同时，认真落实扶贫内容，项目县农业主管部门要对扶贫内容的真实性负责。

（三）严格物资管理。县级农业部门要做好专业化防控器械和装备的采购、登记、发放工作。督促服务组织制定物资管理、维护、使用制度，确保物资安全完整，严禁任何单位和个人截留、套取、挤占、挪用。对违反有关规定的行为将进行严肃处理，直至追究法律责任。

（四）加强宣传培训。各地要利用新闻媒体、发放明白纸等形式积极开展宣传。加强农民、服务组织人员和植保技术人员培训。植保部门要及时提供病虫发生信息，指导防治作业，大力推行乡或村整建制、全程承包作业模式。

（五）及时报送信息。省里对项目实行建设进度月报制度，各示范县要及时总结报送项目进度信息。项目验收后，各地于12月下旬将项目总结报省植保总站。

联系人及联系方式：

省植保总站 林彦茹　0531-81608067

省财政厅　范岑　0531-82669783

附件1：2016年山东省农业病虫害专业化统防统治能力建设示范项目示范县（市、区）分配表

附件2：2016年山东省农业病虫害专业化统防统治能力建设示范项目实施方案编写提纲

附件3：2016年山东省农业病虫害专业化统防统治能力建设示

范项目示范县需提供证明材料

附件4：×××县（市、区）统防统治能力建设示范项目农业
　　企业帮扶贫困人口情况统计表

附件5：×××县（市、区）统防统治能力建设示范项目农民
　　合作组织帮扶贫困人口情况统计表

山东省农业厅　山东省财政厅

2016 年 3 月 29 日

附件 1

2016 年山东省农业病虫害专业化统防统治
能力建设示范项目示范县（市、区）分配表

市	示范县数量（含省财政直管县）	项目资金（万元）
济南	1	100
淄博	1	100
枣庄	1	100
东营	1	100
烟台	1	100
潍坊	2	200
济宁	1	100
泰安	2	200
威海	1	100
临沂	2	200
德州	2	200
聊城	1	100
滨州	2	200
菏泽	2	200
合计	20	2 000

附件 2

2016 年山东省农业病虫害专业化统防统治能力建设示范项目实施方案编写提纲

一、格式

（一）题目。2016 年＊＊＊县（市、区）农业病虫害专业化统防统治能力建设示范项目实施方案。

（二）格式。以县级农业、财政主管部门正式文件，经市农业、财政部门审核后，报省农业厅、省财政厅，A4 纸双面印刷。题目用二号华文中宋字体，一级标题用黑体一、二、三、……，二级标题用楷体（一）、（二）、（三）、……，三级标题用 1、2、3、……，正文用三号仿宋字。

二、主要内容

（一）示范县基本情况。包括主要作物种植面积和主要病虫发生概况，说明地方政府重视情况、资金支持情况、专业化统防统治工作开展情况、扶贫基本情况等。

（二）拟扶持专业化服务组织概况。包括组织名称，组织注册机构，组织人员及拥有药械数量，办公场所面积，2015 年专业化承包服务面积及全程承包面积。

（三）项目实施内容。包括 2016 年项目总体设想，具体建设目标和内容，明确示范区地点和统防统治作业面积，特别是整建制、全承包统防统治作业面积，主要实施作物和实施技术，并写明实施步骤。项目建设后扶持的专业化服务组织达到的规模标准等。

（四）扶贫任务落实情况。要具体到扶贫工作重点村、建档立卡贫困户等。

（五）经费预算。要具体到项目计划拟采购的植保机械、防护装备种类、数量等，并填报拟配备植保机械情况表。

（六）保障措施。包括组织领导和监督管理，宣传培训，项目资金物资管理以及地方投入等。

拟配备植保机械情况表

单位：　　县（市、区）

种类	名称	单价	数量	金额
大型	智能无人直升飞行喷雾机（载重 30kg）			
大型	多旋翼无人飞行喷雾机（载重 20kg）			
大型	多旋翼无人飞行喷雾机（载重 10kg）			
大型	自走式水旱两用喷杆喷雾机			
大型	自走式喷杆喷雾机			
大型	果林风送式喷雾机			
大型	悬挂式喷杆喷雾机			
	防护服			
合计				

附件 3

2016 年山东省农业病虫害统防统治能力建设示范项目示范县需提供证明材料

一、专业化统防统治组织登记注册证明。

二、2015 年统防统治防治作业情况证明。

三、当地出台的有关发展专业化统防统治的文件。

四、当地统防统治专项资金扶持证明。

五、植保站人数及组成。

六、相关技术文件。

附件4

×××县（市、区）统防统治能力建设示范项目农业企业帮扶贫困人口情况统计表

县（市）名称：　　　（加盖公章）

农业企业名称				统防统治面积（万亩）	
补助资金（万元）		帮扶贫困户数		帮扶金额（元）		吸收贫困人口就业数		人均年收益（元）	
项目实施内容					

	项目实施带动贫困户情况明细					

序号	贫困户		所在乡（镇、街）	所在村（社区）	年内是否脱贫	贫困户联系电话
	户主姓名	户人口数				

	项目实施吸收贫困人口就业情况明细				

序号	贫困人口姓名	所在县（市、区）	所在乡（镇、街）	所在村（社区）	贫困户联系电话

附件5

×××县（市、区）统防统治能力建设示范项目农民合作组织帮扶贫困人口情况统计表

县（市）名称： （加盖公章）

农民合作组织名称				统防统治面积（万亩）	
补助资金（万元）		帮扶贫困户数		户均年收益（元）	
项目实施内容					

项目实施吸纳贫困户加入组织并脱贫情况明细

序号	贫困户		所在乡（镇、街）	所在村（社区）	年内是否脱贫	困难户联系电话
	户主姓名	户人口数				

山东省农业厅办公室　　　2016 年 3 月 29 日印发

2019 年山东省获评全国农作物病虫害专业化"统防统治百县"创建推评名单（12 个）

曹县、邹城市、东明县、商河县、诸城市、齐河县、桓台县、滨州市滨城区、枣庄市中区、招远市、宁阳县、高唐县。

注：以上名单来源于《全国农技中心关于发布全国农作物病虫害专业化"统防统治百县"创建推评名单的通知》（农技植保〔2020〕14 号）。

2020 年山东省获评全国农作物病虫害专业化 "统防统治创建县" 推评名单（10 个）

莱西市、广饶县、东营市东营区、成武县、滕州市、汶上县、淄博市临淄区、惠民县、郯城县、肥城市。

注：以上名单来源于《全国农技中心关于发布第二批全国农作物病虫害"绿色防控示范县"和"统防统治创建县"名单的通知》（农技植保〔2021〕34 号）。

2019 年山东省被认定为全国统防统治"星级服务组织"名单（69 家）

东明县麦丰小麦种植专业合作社

商河县保农仓农作物种植专业合作社

山东泰诺药业有限公司

山东凤凰通用航空服务有限公司

山东神舟病虫害生物防控有限公司

河口区飞防农业机械农民专业合作社

淄博齐民旺植保专业合作社

郓城县鑫福农业综合开发有限公司

曹县绿源种植专业合作社

郓城县富郓农业社会服务专业合作社

曹县恒丰源种植专业合作社

山东灏诺植保有限责任公司

曹县万合农机专业合作社

东明县富民源小麦种植专业合作社

曹县农丰源种植专业合作社

青岛田之源农化有限公司

莱西金丰公社农业服务有限公司

德州市陵城区丰泽种植专业合作社

山东齐力新农业服务有限公司

夏津农家丰植保农机服务专业合作社

德州标普农业科技有限公司

泰安祥益商贸有限公司

泰安烟农供销农资有限公司

宁阳县友邦粮食种植服务专业合作联合社

山东嘉实生物科技有限公司

山东鸟人航空科技有限公司

济南一诺农业技术有限公司

山东德农商贸有限公司

山东韦美生物科技有限公司

滕州市汉和农业植保有限公司

滨州市滨城区绿丰农作物病虫害防治专业合作社

滨州市滨城区鹏浩病虫害防治专业合作社

济宁大疆无人机科技发展有限公司

邹城市禾润植物保护专业合作社

临沂海丰植保有限公司

阳谷绿邦现代农业有限公司

东营市鑫麒农业开发有限公司

垦利区众合农机专业合作社

垦利区绿金田农机专业合作社

利津县春喜农机农民专业合作社

桓台县科信农业专业合作社

桓台县大寨农业专业合作社

淄博瑞虎农业科技有限公司

桓台县润农粮食种植专业合作社

曹县金苗种植专业合作社

巨野县绿农农业机械专业合作社

菏泽市牡丹区科惠航空科技有限公司

成武县宋田植保服务专业合作社

东明群英农作物种植专业合作社联合社

青岛德地得农化科技服务有限公司

青岛一粒粟农业科技有限公司

青岛丽斌玉米专业合作社

齐河县金穗粮食种植专业合作社

山东天禧航空科技有限公司

莱州市杰瑞植保专业合作社联合社

肥城市金丰粮食专业合作社

肥城市众益达现代农业服务有限公司
泰安市汶粮农作物专业合作社
平阴县孝直镇东润农业种植专业合作社
山东瑞达有害生物防控有限公司
济南五联植保技术有限公司
枣庄万丰农林科技有限公司
济宁市兖州区兆丰农业发展有限公司
山东富瑞农业种植专业合作社
山东晟德农业科技开发有限公司
东营市天沐然农业科技有限公司
莱州市祝家植保专业合作社
山东供销农业服务股份有限公司
临沂农飞客农业科技有限公司

注：以上名单来源于中国农业技术推广协会《关于发布全国统防统治星级服务组织名单的通知》（中农协函〔2019〕55号）。

2020 年山东省被认定为全国统防统治"星级服务组织"名单（67 家）

山东农小二农业服务有限公司

青岛丰诺植保专业合作社

桓台县利众农机农民专业合作社

邹平县亿佳丰农业服务有限公司

济宁大粮农业服务有限公司

曹县富民丰收植保专业合作社

济南市章丘区金通元农机专业合作社

泰安市泰农农作物专业合作社

临沭金丰公社农业服务有限公司

济宁慧飞农业植保服务有限公司

商河县珍德玉米种植专业合作社

招远市顺丰植保专业合作社

肥城市地龙农业机械专业合作社

滨州市滨城区滨植农业技术服务中心

淄博临淄朱台农机专业合作社

广饶县吉农植保农民专业合作社

曹县森林种植专业合作社

菏泽市定陶区良繁植保专业合作社

德州晟世农业服务有限公司

山东惠供农业服务有限公司

青岛远先农机专业合作社

高唐县超越农业机械服务专业合作社

东明县润丰玉米种植专业合作社

山东滨农科技有限公司

山东鲁农种业股份有限公司

垦利区共赢农机专业合作社

淄博盛达农业服务有限公司

邹城市金粮丰农业服务有限公司

商河县立平粮食种植专业合作社

新泰市地管家农业科技有限公司

垦利文通农机专业合作社

惠民县田润农机服务专业合作社

山东一飞农业服务有限公司

兰陵县润土农业服务有限公司

烟台顺泰植保科技有限公司

泰安市岳洋农作物专业合作社

招远市海达植保专业合作社

淄博临淄五谷丰农产品专业合作社

山东恒基农业科技有限公司

青岛茂盛农机有限公司

滨州市沾化区翼时代农业科技有限公司

济南亿丰植保服务有限公司

高唐县庆宏农机专业合作社

山东禾盛源农业服务有限公司

肥城市新时代汶水农机农民专业合作社联合社

滨州市沾化区辉农冬枣专业合作社

德州智科农业科技服务有限公司

兰陵县润生种植农机化服务专业合作社

兰陵县瑞丰种植农机化服务专业合作社

山东惠民雷丰现代农业服务有限公司

德州市颜仕农业发展服务有限公司

兰陵力沃种植农机化服务专业合作社

兰陵县鹏帅种植专业合作社

无棣县绿风植保服务专业合作社

聊城市博凯农机专业合作社

邹城市金仓大田作物专业合作社

肥城市孙伯祥农农业机械服务专业合作社

汶上县霞雨农机农民专业合作社

滨州市沾化区支农农机服务专业合作社

淄博周村奥联农机服务专业合作社

梁山县君臣农机专业合作社

济宁鼎航农业服务有限公司

淄博正飞农业服务有限公司

单县田田圈农业服务有限公司

青岛市胶州裕丰农资有限公司

青岛大志达濠农机专业合作社

东明县国法农机专业合作社

注：以上名单来源于中国农业技术推广协会《关于发布第二批全国统防统治星级服务组织名单的通知》（中农协函〔2020〕56号）。

第四章

统防统治服务组织备案名单

滨州市备案名单

区、县	组织名称	从业人数	作业能力（亩/日）
滨城区	滨州市滨城区惠超农业病虫害防治专业合作社	5	1 500
滨城区	滨州市滨城区利国农业机械专业合作社	10	2 000
滨城区	滨州市滨城区松山病虫防治专业合作社	15	5 000
滨城区	滨州兴农农业服务有限公司	16	4 000
滨城区	山东省滨州市滨城区禾香农资服务中心	2	1 000
滨城区	滨州市滨城区三河湖镇帮帮忙农资店	2	300
博兴县	博兴县乐农农技专业合作社	25	1 000
惠民县	惠民县和昌粮食种植专业合作社	13	2 000
惠民县	山东惠民秋乐粮棉种植专业合作社	15	2 000
无棣县	无棣红四方植保专业合作社	30	1 000
无棣县	无棣惠耕植保服务专业合作社	12	5 000
滨城区	滨州市滨城区滨植农业技术服务中心	40	15 000
滨城区	滨州绿丰植保专业合作社	30	10 000
滨城区	滨州市滨城区鹏浩病虫害防治专业合作社	38	16 000
滨城区	山东滨农科技有限公司	30	20 000
博兴县	山东极飞农业科技有限公司	10	5 000
博兴县	博兴县博华农机专业合作社	10	2 000
博兴县	博兴县三好农机专业合作社	12	8 000
博兴县	博兴县好收成种植专业合作社	33	5 200
博兴县	博兴县昌农农机专业合作社	3	1 000
博兴县	博兴县乐农农技专业合作社	25	2 500
博兴县	博兴县茂润农业服务专业合作社	7	1 000
博兴县	博兴县三农农业服务专业合作社	6	500
惠民县	山东创启农业服务有限公司	12	6 000
惠民县	惠民县田润农机服务专业合作社	28	8 000
惠民县	山东惠民雷丰现代农业服务有限公司	26	8 000

（续）

区、县	组织名称	从业人数	作业能力（亩/日）
惠民县	惠民县供销惠乐福农业服务有限公司	30	10 500
惠民县	惠民县供销齐民飞防植保有限公司	32	10 500
惠民县	惠民县瀚明农业科技服务有限公司	18	8 000
惠民县	山东惠供农业服务有限公司	22	11 200
惠民县	山东裕沐农业服务有限公司	36	12 600
无棣县	无棣县绿风植保服务专业合作社	16	11 000
阳信县	滨州立诚农业科技有限公司	17	7 000
阳信县	阳信县开源生产资料有限公司	20	3 000
阳信县	山东阳信润丰农业科技有限公司	32	11 000
阳信县	滨州市永杰现代农业服务有限公司	18	6 000
阳信县	山东初厂价农业服务有限公司	17	6 000
沾化区	滨州诚禾农业服务有限公司	29	5 000
沾化区	滨州市沾化区国利农机服务专业合作社	26	5 000
沾化区	滨州市沾化区瑞源农机服务专业合作社	6	5 000
沾化区	滨州市沾化区翼时代农业科技有限公司	28	10 000
沾化区	滨州市沾化区支农农机服务专业合作社	30	6 000
沾化区	滨州市沾化区金丰公社植保服务有限公司	8	8 000
沾化区	滨州市沾化区金粮农作物种植专业合作社	10	3 000
沾化区	滨州市沾化区旭峰农机服务专业合作社	5	5 000
沾化区	滨州市沾化区明凯家庭农场	2	200
沾化区	滨州市沾化区辉农冬枣专业合作社	36	5 000
邹平县	邹平县亿佳丰植保农机服务农民专业合作社	52	16 000
邹平县	邹平亿农家园植林专业合作社	10	3 000
博兴县	山东京和农业服务有限公司	15	10 000

德州市备案名单

区、县	组织名称	从业人数	作业能力（亩/日）
德城区	德州好农邦农业科技有限公司	30	10 000
德城区	山东天禧航空科技有限公司	51	12 500
平原县	平原县鲁望生态农业发展有限公司	14	5 500
齐河县	齐河绿士农机植保专业合作社	12	10 470
齐河县	齐河县标普农业科技有限公司	15	3 000
齐河县	齐河县大黄乡得春种植专业合作社	22	5 000
齐河县	齐河县祝阿镇建忠粮食种植专业合作社	13	2 600
齐河县	齐河县刘桥乡年丰粮食种植专业合作社	18	3 000
齐河县	齐河县润圣农作物种植有限公司	7	3 000
齐河县	山东齐力新农业服务有限公司	35	55 200
齐河县	齐河县仁里集镇众胜农机服务专业合作社	10	3 400
齐河县	齐河县金穗粮食种植专业合作社	36	6 500
齐河县	齐河县九丰农业服务有限公司	35	6 000
齐河县	齐河县晏城街道办事处乡土丰利农机服务专业合作社	20	6 000
武城县	德州标普农业科技有限公司	45	20 000
武城县	武城县利众粮食种植专业合作社	26	8 000
夏津县	夏津恒源农机服务专业合作社	55	8 000
夏津县	夏津农家丰植保农机服务专业合作社	41	20 000
德城区	德州市颜仕农业发展服务有限公司	49	50 000
陵城区	德州琪林萱农业服务有限公司	10	5 000
陵城区	德州晟世农业服务有限公司	50	40 000
陵城区	德州智科农业科技服务有限公司	50	20 000
陵城区	德州市陵城区丰泽种植专业合作社	80	15 000
陵城区	山东农小二农业服务有限公司	53	50 000
齐河县	齐河县刘桥乡东林农机服务专业合作社	10	3 000

东营市备案名单

区、县	组织名称	从业人数	作业能力（亩/日）
广饶县	广饶县宏丰农机农民专业合作社	35	5 000
广饶县	广饶县海科农机服务农民专业合作社	33	5 000
广饶县	广饶县大码头镇旺农农资经营部	2	1 000
河口区	河口区飞防农业机械农民专业合作社	30	20 000
河口区	河口区益农植物专业化防治农民专业合作社	35	6 000
垦利区	垦利区万通农机专业合作社	80	7 360
利津县	利津县春喜农机农民专业合作社	46	5 500
东营区	东营丰泰农业科技有限责任公司	17	5 000
东营区	东营鼎润农机农民专业合作社	20	8 000
东营区	东营嘉绿农业科技开发有限公司	12	5 000
东营区	东营区建达农机农民专业合作社	10	5 000
东营区	东营区金丰家庭农场	12	3 000
东营区	东营市东营区鑫达农机服务农民专业合作社	5	1 000
东营区	东营市东营区鑫蕊农机服务农民专业合作社	1	1 500
东营区	东营市东营区国庆农机服务农民专业合作社	6	5 000
东营区	东营区海玥农业机械销售中心	6	12 000
东营区	东营市东营区齐发农机农民专业合作社	20	5 000
东营区	东营溯源生态农业有限公司	12	8 000
东营区	东营市穗东家庭农场有限公司	20	6 000
东营区	东营市东营区天润种植专业合作社	11	12 000
东营区	东营市东营区万升农机服务农民专业合作社	40	15 000
东营区	东营市西薛农机农民专业合作社	5	500
东营区	东营市鑫麒农业开发有限公司	27	21 000
东营区	山东一峰生物科技有限公司	20	18 000
东营区	东营亿海农业机械有限公司	8	12 000

（续）

区、县	组织名称	从业人数	作业能力（亩/日）
广饶县	东营市翊航农业科技有限公司	40	15 000
广饶县	广饶县通顺农业机械农民专业合作社	30	8 000
广饶县	广饶县海鑫农机服务农民专业合作社	20	2 000
广饶县	广饶县瀚翔植保服务专业合作社	12	1 000
广饶县	广饶县绿康农业生产服务农民专业合作社	50	10 000
广饶县	广饶县裕民农机农民专业合作社	10	3 000
广饶县	东营顺捷农业科技有限公司	2	600
广饶县	东营智飞农业服务有限公司	4	10 000
广饶县	广饶洪亮农机农民专业合作社	35	6 000
广饶县	广饶县柏杨农机农民专业合作社	6	3 000
广饶县	广饶县东顺源种植农民专业合作社	20	3 000
广饶县	广饶县丰润农机专业合作社	20	5 000
广饶县	广饶县广饶街道桃花源家庭农场	4	400
广饶县	广饶县宏丰农机农民专业合作社	120	10 000
广饶县	广饶县惠通农机服务农民专业合作社	5	1 500
广饶县	广饶县吉农植保农民专业合作社	35	10 000
广饶县	广饶县金博源家庭农场有限公司	6	1 000
广饶县	广饶县金鑫农作物种植农民专业合作社	30	6 000
广饶县	广饶县科慧农机服务农民专业合作社	5	1 600
广饶县	广饶县绿尚种植专业合作社	5	1 200
广饶县	广饶县胜兴农机农民专业合作社	32	4 000
广饶县	广饶县晟宏农业服务农民专业合作社	40	15 000
广饶县	广饶县硕丰家庭农场有限公司	5	2 000
广饶县	广饶县维德康种植专业合作社	4	1 000
广饶县	广饶县兴瑞种植专业合作社	1	5 000
广饶县	广饶县益农植保农民专业合作社	60	10 000

（续）

区、县	组织名称	从业人数	作业能力（亩/日）
广饶县	广饶县振龙农业机械农民专业合作社	12	5 000
广饶县	广饶永丰植保农民专业合作社	16	6 000
广饶县	广饶县海科农机服务农民专业合作社	35	15 000
广饶县	广饶县金建植物病虫害防治农民专业合作社	6	3 000
广饶县	广饶县顺丰农机服务农民专业合作社	45	3 500
垦利区	东营市宏盛农业开发有限责任公司	10	5 000
垦利区	东营市一邦农业科技开发有限公司	12	2 200
垦利区	东营辉腾农业服务有限公司	6	3 000
垦利区	垦利区众合农机专业合作社	70	6 000
垦利区	垦利区共赢农机专业合作社	96	15 600
垦利区	垦利区绿金田农机专业合作社	155	8 000
垦利区	垦利区万通农机专业合作社	80	7 360
垦利区	垦利文通农机专业合作社	46	16 000
利津县	利津县大地丰植保农民专业合作社	40	5 000

菏泽市备案名单

区、县	组织名称	从业人数	作业能力（亩/日）
曹县	曹县万合农机专业合作社	154	10 000
曹县	曹县金道丰种植农民专业合作社	80	9 000
曹县	曹县绿源种植专业合作社	58	15 000
曹县	曹县强勤种植专业合作社	10	1 500
曹县	曹县金苗种植专业合作社	150	10 000
曹县	曹县凌涵种植专业合作社	8	3 000
曹县	曹县孝合种植专业合作社	26	2 000
曹县	曹县和永种植专业合作社	32	7 500
曹县	曹县恒丰源种植专业合作社	56	20 000
曹县	曹县厚德家庭农场合作社	10	4 200
曹县	曹县立海种植专业合作社	30	7 000
曹县	曹县绿盾植保专业合作社	12	5 000
曹县	曹县农丰源种植专业合作社	60	15 000
曹县	曹县农家旺植保合作社	22	10 000
曹县	曹县孟杰植保专业合作社	15	5 000
曹县	曹县万亩荷塘水产种养殖专业合作社	36	2 000
成武县	成武县宋田植保服务专业合作社	28	5 000
定陶区	山东绿色卫士农林病虫害防控有限公司	96	12 000
东明县	东明县程庄小麦种植专业合作社	32	10 000
东明县	东明县丰硕农机专业合作社	66	20 000
东明县	东明县马头农业农民专业合作社联合社	55	18 000
东明县	东明县东辉富硒农作物种植专业合作社	8	5 000
东明县	东明县鲁星中药材种植专业合作社	26	10 000
东明县	东明群英农作物种植专业合作社联合社	58	14 000
东明县	东明县保成玉米种植专业合作社	48	12 000

（续）

区、县	组织名称	从业人数	作业能力（亩/日）
东明县	东明县诚民农业科技有限公司	10	5 000
东明县	东明县东丰小麦种植专业合作社	30	15 000
东明县	东明县富民源小麦种植专业合作社	62	16 000
东明县	东明县鲁星农机专业合作社	26	10 000
东明县	东明县麦丰小麦种植专业合作社	88	22 000
巨野县	巨野县绿农农业机械专业合作社	53	8 000
鄄城县	鄄城县助农种植专业合作社	8	5 000
牡丹区	山东灏诺植保有限责任公司	50	10 000
牡丹区	菏泽开发区富保田农机专业合作社	36	12 000
牡丹区	菏泽益田农机有限公司	30	10 000
牡丹区	山东盛野农业服务有限公司	10	4 000
郓城县	山东郓城晖煌农林病虫害防控有限公司	56	8 000
郓城县	郓城县辉丰粮食种植专业合作社	23	3 500
郓城县	郓城县庆丰农作物病虫害防治专业合作社	15	3 500
郓城县	郓城县中鑫粮食种植专业合作社	10	3 000
曹县	曹县青晨种植专业合作社	51	8 000
曹县	曹县富民丰收植保专业合作社	66	10 000
曹县	曹县金诺植保专业合作社	165	30 000
曹县	曹县森林种植专业合作社	22	10 000
曹县	曹县现代农民种植专业合作社	15	3 500
曹县	博旺盛种植专业合作社	15	5 800
曹县	曹县莱亿种植专业合作社	80	2 000
成武县	成武县莲露家庭农场	8	3 000
成武县	成武县庆轩谷物种植专业合作社	6	5 000
成武县	成武县志龙谷物种植专业合作社	161	10 000
成武县	成武县成军家庭农场	6	3 000

（续）

区、县	组织名称	从业人数	作业能力（亩/日）
成武县	成武县传民谷物种植专业合作社	12	14 000
成武县	成武县大恒农业服务有限公司	28	15 000
成武县	成武县丰裕农业有限公司	15	10 000
成武县	成武县红彤彤谷物种植专业合作社	15	10 000
成武县	成武县美农家庭农场	9	8 000
成武县	成武县诺尔家庭农场	5	3 500
成武县	成武县宋田植保服务专业合作社	25	13 000
成武县	成武县汪启谷物种植专业合作社	10	6 000
成武县	成武县汶上王集谷物种植专业合作社	5	2 000
成武县	成武县汶上镇联丰农场	15	3 500
成武县	成武县大恒生态农场	12	14 000
成武县	山东大恒种子有限公司	8	1 200
单县	单县苗旺植保服务有限公司	120	15 000
单县	单县乡村振兴发展有限公司	71	15 000
单县	单县田田圈农业服务有限公司	30	10 000
单县	山东护田鹰农业科技有限公司	100	50 000
定陶区	菏泽市定陶区良繁植保专业合作社	40	10 000
东明县	东明县绿果蔬农作物种植专业合作社	88	25 000
东明县	东明县润丰玉米种植专业合作社	126	18 000
东明县	东明国泰农作物种植专业合作社	60	5 000
东明县	东明县保国农作物种植专业合作社	15	4 000
东明县	东明县海建农作物种植专业合作社	50	5 000
东明县	东明县茂强农机专业合作社	39	5 000
东明县	东明国泰农作物种植专业合作社	12	5 000
东明县	东明县国法农机专业合作社	39	5 000
东明县	东明县东丰小麦种植专业合作社	16	5 000

（续）

区、县	组织名称	从业人数	作业能力（亩/日）
鄄城县	鄄城县惠飞农机服务专业合作社	30	10 000
牡丹区	菏泽市牡丹区科惠航空科技有限公司	40	30 000
牡丹区	菏泽市牡丹区田田农作物种植专业合作社	25	10 000
牡丹区	菏泽宇浩农业科技发展有限公司	25	19 000
牡丹区	山东灏诺植保有限责任公司	50	1 000
牡丹区	山东禾盛源农业服务有限公司	50	10 000
牡丹区	山东鲁福信息科技有限公司	15	12 000
牡丹区	山东一飞农业服务有限公司	50	10 000
郓城县	郓城县富郓农业社会化服务专业合作社	45	6 000
郓城县	山东郓城晖煌农林病虫害防控有限公司	56	8 500
郓城县	郓城县鑫福农业综合开发有限公司	25	12 000

济南市备案名单

区、县	组织名称	从业人数	作业能力（亩/日）
高新区	山东瑞达有害生物防控有限公司	50	100 000
高新区	山东鸟人航空科技有限公司	12	10 000
高新区	山东嘉实生物科技有限公司	78	100 000
历城区	山东竞翔农业科技有限公司	10	4 000
历城区	山东立得生物科技有限公司	13	5 000
平阴县	平阴县孝直镇东润农业种植专业合作社	12	6 800
平阴县	济南裕嘉舜丰农业科技服务有限公司	12	10 000
平阴县	平阴县民兴家庭农场	10	5 000
商河县	济南五联植保技术有限公司	420	30 000
商河县	商河县福田农机专业合作社	30	12 000
商河县	商河县金穗农机专业合作社	32	14 000
商河县	商河县俊哲农机专业合作社	240	40 000
商河县	商河县林玉粮食种植专业合作社	30	10 000
商河县	商河县商展农作物种植专业合作社	96	20 000
章丘区	章丘区长久农业植保服务专业合作社	16	5 500
济阳县	济南一诺农业技术有限公司	12	10 000
历城区	山东种业智科农业科技服务有限公司	20	5 000
历下区	山东鲁供农业科技有限公司	120	50 000
平阴县	平阴县孝直镇昊丰农机专业合作社	30	6 700
平阴县	平阴县东阿镇顺源农机服务专业合作社	12	12 000
平阴县	平阴县润沃农机专业合作社	18	20 000
平阴县	平阴农合腾丰农业服务专业合作社	14	10 000
商河县	商河县保农仓农作物种植专由合作社	1 000	280 000
商河县	商河县立平粮食种植专业合作社	310	56 000
商河县	商河县苏瑞粮食种植专业合作社	400	60 000

（续）

区、县	组织名称	从业人数	作业能力（亩/日）
商河县	商河县珍德玉米种植专业合作社	167	15 000
章丘区	章丘区宁家埠诚信农机专业合作社	31	10 000
章丘区	章丘区金通元农机专业合作社	314	26 000
章丘区	章丘区鑫豪农机专业合作社	32	10 000
章丘区	济南亿丰植保服务有限公司	13	23 000
章丘区	山东恒基农业科技有限公司	30	20 000
章丘区	章丘区安信农机专业合作社	31	12 000
章丘区	章丘区鑫星农业服务有限公司	13	10 000
莱芜区	济南市植保堂病虫害防治专业合作社	25	5 500
莱芜区	莱芜市啄木鸟农业病虫害防治专业合作社	16	3 000

济宁市备案名单

区、县	组织名称	从业人数	作业能力（亩/日）
嘉祥县	嘉祥县浩源农作物种植专业合作社	8	800
嘉祥县	嘉祥县水泉农作物种植专业合作社	42	3 000
嘉祥县	嘉祥浩源农作物种植专业合作社	13	600
嘉祥县	济宁慧丰植保服务有限公司	20	20 000
嘉祥县	嘉祥县金丰农业服务有限公司	42	6 000
嘉祥县	嘉祥县联润农作物种植专业合作社	20	6 000
嘉祥县	嘉祥县水泉农作物种植合作社	12	6 000
梁山县	梁山庄稼人粮食种植农民专业合作社	15	6 000
任城区	济宁市丰卫植物保护专业合作社	10	2 000
任城区	济宁天宇农业有限公司	6	800
任城区	济宁市任城区农丰农作物种植专业合作社	20	2 000
兖州区	济宁市兖州区兆丰农业发展有限公司	28	10 000
邹城市	济宁大疆无人机科技发展有限公司	40	17 500
邹城市	邹城市洪启农机服务专业合作社	6	1 000
邹城市	邹城市稼乐丰植保专业合作社	16	2 000
邹城市	邹城市秀银农机专业合作社	10	1 500
邹城市	邹城市宪正农机专业合作社	6	800
邹城市	邹城市远硕农资有限公司	10	450
嘉祥县	济宁小管家农业科技有限公司	80	20 000
嘉祥县	嘉祥强民农作物种植专业合作社	18	500
嘉祥县	嘉祥县增雷农机作业服务专业合作社	9	900
金乡县	金乡县董亮农机专业合作社	15	4 000
梁山县	梁山县万众种植专业合作社	36	18 000
梁山县	梁山神州丰农资服务有限公司	20	6 000
梁山县	梁山县君臣农机专业合作社	31	13 000

（续）

区、县	组织名称	从业人数	作业能力（亩/日）
梁山县	梁山运河粮食种植专业合作社	38	10 000
梁山县	众邦农机专业合作社	43	8 000
泗水县	济宁鲁供农业科技有限公司	35	5 000
泗水县	泗水县亨通农业机械专业合作社	28	5 000
泗水县	泗水县金穗农业机械专业合作社	46	5 000
汶上县	汶上县坤达农机农民专业合作社	32	5 000
汶上县	济宁鼎航农业服务有限公司	30	5 000
汶上县	汶上县金粮粮食收储有限公司	26	5 000
汶上县	汶上县俊杰农机农民专业合作社	80	6 000
汶上县	汶上县雷沃农业机械农民专业合作社	126	4 000
汶上县	汶上县金丰公社农业服务有限公司	100	6 000
汶上县	汶上县孝东农业机械农民专业合作社	50	10 000
汶上县	霞雨农机农民专业合作社	20	5 000
汶上县	济宁大粮农业服务有限公司	151	15 000
汶上县	济宁农祥农业科技有限公司	25	5 000
汶上县	汶上县奔鑫农业机械农民专业合作社	25	5 500
邹城市	济宁慧飞农业植保服务有限公司	30	10 000
邹城市	邹城市成霞农机服务专业合作社	10	5 000
邹城市	邹城市端杨农机服务专业合作社	12	1 500
邹城市	邹城市丰乐植保合作社	15	2 000
邹城市	邹城市惠力植保专业合作社	12	1 500
邹城市	邹城市禾润植保专业合作社	12	7 000
邹城市	邹城市金仓大田作物合作社	30	10 000
邹城市	邹城市金粮丰农业服务有限公司	50	15 000
邹城市	邹城市嘉友植保专业合作社联合社	8	2 000
邹城市	邹城市乐农植保专业合作社	12	2 000

（续）

区、县	组织名称	从业人数	作业能力（亩/日）
邹城市	邹城市农旺植保专业合作社	25	3 500
邹城市	邹城市顺民农机服务专业合作社	15	2 000
邹城市	邹城市庆周农资服务部	15	4 800
邹城市	邹城市田田圈农业科技有限公司	16	1 800
邹城市	邹城市五谷丰植保专业合作社	16	2 400
邹城市	邹城市先胜达农机专业合作社	20	2 000
邹城市	邹城市玉麒麟植保专业合作社	20	10 000
邹城市	邹城市振农农机专业合作社	20	3 600
邹城市	山东咏诚植保服务有限公司	15	8 000
曲阜市	曲阜子林农业科技有限公司	20	10 000

聊城市备案名单

区、县	组织名称	从业人数	作业能力（亩/日）
高唐县	高唐县航牛农业机械服务专业合作社	15	6 000
高唐县	高唐县兴农棉花种植专业合作社	26	10 000
临清市	临清市智联飞防病虫害防治中心	3	2 500
阳谷县	山东富瑞农业种植专业合作社	30	6 000
茌平县	茌平县联农农资有限公司	32	19 000
茌平县	茌平县乐丰源农业科技服务有限公司	5	10 000
东昌府区	聊城市博凯农机专业合作社	49	7 000
东昌府区	山东神舟病虫害生物防控有限公司	24	10 000
高唐县	高唐县忠顺蔬菜种植专业合作社	70	1 000
高唐县	高唐县超越农业机械服务专业合作社	56	6 000
高唐县	高唐县建博农机服务专业合作社	36	16 000
高唐县	高唐县卫农农机服务专业合作社	20	6 500
临清市	临清市润力种植专业合作社	3	800
阳谷县	阳谷恒鑫粮食种植专业合作社	3	500
阳谷县	阳谷县钰丰农业种植专业合作社	4	1 000
阳谷县	阳谷县农哈哈植保专业合作社	6	1 000
阳谷县	阳谷丰信农业服务有限公司	10	5 000
阳谷县	山东农信种业有限公司	8	400
阳谷县	阳谷县供销农业服务有限公司	10	400
阳谷县	阳谷县丰收管家粮食种植专业合作联合社	5	300
阳谷县	山东富瑞农业种植专业合作社	16	1 000
阳谷县	山东贵合生物科技有限公司	20	30 000
阳谷县	山东晟得农业科技开发有限公司	36	12 000
阳谷县	山东双赢农业科技发展有限公司	20	6 000
阳谷县	阳谷风华粮食种植专业合作社	30	1 100

（续）

区、县	组织名称	从业人数	作业能力（亩/日）
阳谷县	阳谷绿邦现代农业有限公司	18	9 500
阳谷县	阳谷县绿兴农作物种植专业合作社	6	1 000
高唐县	高唐县庆宏农机专业合作社	60	8 000
高唐县	高唐县瑞杰农机专业合作社	25	15 000

临沂市备案名单

区、县	组织名称	从业人数	作业能力（亩/日）
兰山区	临沂春雨农林科技有限公司	30	3 500
兰山区	临沂海丰植保有限公司	20	2 000
兰山区	临沂农飞客农业科技有限公司	20	6 000
兰山区	山东凤凰通用航空服务有限公司	25	80 000
临沭县	临沭县清英植保服务专业合作社	12	1 000
兰陵县	兰陵县润土农业服务有限公司	32	8 500
兰陵县	兰陵县韬宇种植农机化服务专业合作社	55	10 000
兰陵县	兰陵县鹏帅种植专业合作社	76	10 000
兰陵县	兰陵县润生种植农机化服务专业合作社	36	16 000
兰陵县	兰陵县金发种植农机化服务专业合作社	102	12 000
兰陵县	兰陵县民发种植农机化服务专业合作社	166	21 000
兰陵县	兰陵县瑞丰种植农机化服务专业合作社	43	6 400
兰陵县	兰陵力沃种植农机化服务专业合作社	95	14 000
河东区	临沂德立达农林机械有限公司	15	6 000
河东区	山东鲁农植保有限公司	20	6 000
兰山区	临沂市兰山区禾雨农机服务农民专业合作社	36	1 200
临沭县	临沭县丰收农机专业合作社	10	2 000
临沭县	临沭县惠龙农机专业合作社	9	1 000
临沭县	临沭县田间地头植保服务农民专业合作社	14	1 280
临沭县	临沭金丰公社农业服务有限公司	30	6 000
临沭县	临沭县洪利植保服务专业合作社	10	1 000
临沭县	临沭县护农植保有限公司	4	1 000
临沭县	临沭县鲁胜现代智慧农业专业合作社	12	1 000
临沭县	临沭县晟丰植保服务专业合作社	6	1 000
临沭县	临沭县双威农机专业合作社	10	400

（续）

区、县	组织名称	从业人数	作业能力（亩/日）
临沭县	临沭县雨涵植保服务专业合作社	120	1 000
临沭县	临沭县玉宏农机专业合作社	11	330
临沭县	临沭县资钧植保服务专业合作社	5	1 000
郯城县	郯城县纪昌农业机械化服务农民专业合作社	50	3 000
郯城县	大丰收家庭农场	10	1 000
郯城县	郯城县沂湾种植农民专业合作社	15	5 000
郯城县	郯城县惠青农机化服务农民专业合作社	8	2 000
郯城县	临沂明宸航空科技有限公司	15	8 000
郯城县	临沂绿联农业服务有限公司	35	21 500
郯城县	郯城县金丰公社农业服务有限公司	26	2 000
郯城县	郯城悯农农业服务有限公司	25	5 000
郯城县	郯城县长明种植农民专业合作社	10	3 500
郯城县	郯城县嗨森农业服务有限公司	10	2 000
郯城县	郯城县恒丰农机化服务农民专业合作社	13	1 800
郯城县	郯城县剑沉家庭农场	8	3 000
郯城县	郯城县立平农机化服务农民专业合作社	10	2 500
郯城县	郯城县绿洲农机化服务农民专业合作社	8	5 000
郯城县	郯城县农大家庭农场	16	3 000
郯城县	郯城县助农农资经营部	10	2 000
郯城县	郯城县于杰农机化服务农民专业合作社	10	5 000
郯城县	郯城县可明农资经营部	6	1 500

青岛市备案名单

区、县	组织名称	从业人数	作业能力（亩/日）
城阳区	青岛德地得农化科技服务有限公司	82	15 000
黄岛区	青岛至诚帮农业科技服务有限公司	8	12 000
即墨区	青岛保田农机专业合作社	160	5 000
胶州市	青岛一粒粟农业科技有限公司	30	10 000
平度市	山东省青丰种子有限公司	20	2 000
即墨区	青岛浩硕农机专业合作社	98	10 000
即墨区	青岛新易通网络科技有限公司	15	6 000
胶州市	青岛大志达濠农机专业合作社	57	8 000
胶州市	青岛胶州市胶东农机专业合作社	40	7 000
胶州市	青岛积粮居农机专业合作社	5	6 000
胶州市	青岛市胶州裕丰农资有限公司	15	12 000
莱西市	欢喜植保专业合作社	10	10 000
莱西市	青岛姜洪波农机专业合作社	17	3 800
莱西市	青岛茂盛农机有限公司	62	11 000
莱西市	青岛远先农机专业合作社	50	15 500
莱西市	青岛西南阁农机专业合作社	15	2 000
莱西市	青岛青云农机专业合作社	7	800
莱西市	青岛义和山农机专业合作社	26	3 000
莱西市	青岛为民农机专业合作社	10	1 000
莱西市	青岛院上老段农机专业合作社	12	7 200
莱西市	青岛丰诺农化有限公司	46	18 000
莱西市	青岛丰诺植保专业合作社	46	18 000
莱西市	青岛谷王农机专业合作社	23	9 800
莱西市	莱西金丰公社农业服务有限公司	60	18 000

（续）

区、县	组织名称	从业人数	作业能力（亩/日）
莱西市	青岛丽斌玉米专业合作社	155	15 000
莱西市	青岛昌盛兴农机有限公司	10	10 000
莱西市	青岛丰安植保专业合作社	8	4 000
莱西市	青岛耕耘果农业农机专业合作社	20	16 000
莱西市	青岛合赢农业服务有限公司	15	3 000
莱西市	青岛田之源农化有限公司	42	15 000
平度市	青岛博元丰拓农业科技有限公司	18	5 000
平度市	青岛平度市宏业农业生产资料有限公司	26	4 000
平度市	青岛厚天农资营销有限公司	12	1 000

日照市备案名单

区、县	组织名称	从业人数	作业能力（亩/日）
五莲县	五莲县沃野植保专业合作社	20	5 000
岚山区	山东司雷农业科技有限公司	6	10 000
五莲县	五莲县金丰公社农业服务有限公司	10	1 000
五莲县	五莲县金丰植保服务有限公司	10	5 000

泰安市备案名单

区、县	组织名称	从业人数	作业能力（亩/日）
岱岳区	泰安市汶粮农作物专业合作社	65	9 000
岱岳区	泰安市岱岳区洪军农机专业合作社	10	6 000
岱岳区	泰安市岳丰农业有限公司	12	5 000
东平县	泰安祥益商贸有限公司	20	6 000
东平县	东平新湖宝玉农机专业合作社	21	3 000
东平县	东平县祥美农资服务中心	2	50
东平县	东平诚信农资服务中心	18	5 000
东平县	东平县春雨农作物专业产销合作社	5	700
东平县	东平县丰旺农作物种植家庭农场	5	5 000
东平县	东平县禾丰优质小麦种植专业合作社	20	1 000
东平县	东平县良发农作物种植专业合作社	5	50
东平县	勇雨家庭农场	2	10
东平县	山东红万甲农业科技有限公司	40	3 000
东平县	农兴种子农药服务站	5	100
东平县	东平浩航现代农业发展有限公司	10	10 000
东平县	东平县文文农业服务中心	6	2 000
东平县	银天家庭农场	4	200
东平县	东平县保顺农作物种植专业合作社	5	500
东平县	东平县一诺农作物专业合作社	3	500
东平县	哲文农资销售中心	2	500
肥城市	肥城市新时代汶水农机农民专业合作社联合社	26	6 000
肥城市	肥城市中天家庭农场	2	60
肥城市	肥城市鲁裕农业机械化作业专业合作社	23	400
肥城市	肥城市顺丰农机专业合作社	15	300
肥城市	肥城市长顺源粮食种植专业合作社	5	120

（续）

区、县	组织名称	从业人数	作业能力（亩/日）
肥城市	肥城市孙伯卫国农业机械服务专业合作社	8	3 000
肥城市	肥城市孙伯裕丰农业机械服务专业合作社	55	420
肥城市	肥城市万众种植专业合作社	2	700
肥城市	肥城市众益达现代农业服务有限公司	21	8 000
肥城市	福顺源农资超市	1	300
肥城市	肥城市王庄镇丽波家庭农场	6	150
肥城市	肥城市慧欣家庭农场	3	150
肥城市	鲁捷无人机科技有限公司	23	5 000
宁阳县	宁阳县鹤山乡运刚种植服务专业合作社	25	1 750
宁阳县	宁阳县友邦粮食种植服务专业合作联合社	60	7 000
宁阳县	山东省宁阳县万丰种业有限公司	100	3 000
宁阳县	宁阳县农帮手农机服务专业合作社	15	500
宁阳县	宁阳县舒琪粮食种植专业合作社	8	700
宁阳县	宁阳县联创农机服务专业合作社	5	800
宁阳县	宁阳县聚旺农作物种植专业合作社	16	400
宁阳县	宁阳县百家兴农机服务专业合作社	9	800
宁阳县	宁阳县百得利农业科技服务有限公司	7	1 500
宁阳县	宁阳县国勇植保服务有限公司	5	1 000
宁阳县	宁阳县金丰农机服务专业合作社	20	5 000
宁阳县	宁阳县垦丰种子有限公司	78	1 500
宁阳县	泰安丰沃农业发展有限公司	40	500
宁阳县	泰安烟农供销农资有限公司	158	20 000
新泰市	山东飞腾航空科技有限公司	10	5 000
岱岳区	泰安市岱岳区洪军农机专业合作社	10	6 000
岱岳区	泰安市岱岳区惠丰农机专业合作社	12	6 000
岱岳区	泰安市岳洋农作物专业合作社	18	8 000

（续）

区、县	组织名称	从业人数	作业能力（亩/日）
岱岳区	泰安市泰农农作物专业合作社	32	10 000
东平县	东平县科技推广中心	14	10 000
东平县	东平县老湖镇文文农资销售中心	15	5 000
东平县	东平县华翔供销农业服务有限公司	18	5 000
东平县	山东锦绣川农业服务有限公司	12	6 000
东平县	山东泰达农业服务有限公司	10	15 000
肥城市	肥城市新时代汶水农机农民专业合作社联合社	80	10 000
肥城市	肥城市秀芬农机服务专业合作社	15	600
肥城市	肥城市丰通农机专业合作社	49	19 100
肥城市	肥城市农顺农业机械服务农民专业合作社	20	600
肥城市	肥城市王瓜店供销社联谊农机专业合作社	12	5 000
肥城市	肥城市地龙农业机械专业合作社	30	12 000
肥城市	肥城市华兴农机服务专业合作社	25	600
肥城市	肥城市汇鑫源农业机械服务农民专业合作社	8	5 000
肥城市	肥城市金丰粮食专业合作社	60	15 000
肥城市	肥城市孙伯祥农业机械服务专业合作社	101	5 200
肥城市	肥城市绿沃科技有限公司	45	360
肥城市	山东瑞悦农业发展有限公司	4	1 000
肥城市	肥城汇鑫源农业机械服务农民专业合作社	8	5 000
新泰市	山东丰洲农业发展有限公司	28	5 000
新泰市	新泰市新甫街道爱农农业技术服务中心	25	5 800
新泰市	新泰市春祥谷物种植专业合作社	20	6 000
新泰市	新泰市润都农机专业合作社	17	5 500
新泰市	新泰市禾康谷物种植专业合作社	38	6 000
新泰市	新泰市地管家农业科技有限公司	80	15 000
新泰市	新泰市科丰农机专业合作社	4	150
新泰市	新泰市喜耕田农机专业合作社	42	5 300

威海市备案名单

区、县	组织名称	从业人数	作业能力（亩/日）
荣成市	荣成金丰公社农业服务有限公司	5	300
乳山市	乳山市崖子镇青山果业病虫害防治服务中心	215	8 100
乳山市	乳山市施德农资有限公司	3	1 200
乳山市	威海三智科技有限公司	30	3 000
乳山市	乳山市金丰公社农业服务有限公司	15	1 000
文登区	文登区大德兴农庄农产品有限公司	38	600
文登区	文登区鑫迪小麦专业合作社	44	6 500
文登区	威海市烟农供销农资连锁有限公司	5	500
荣成市	荣成市虎山农业种植专业合作社	30	8 000
乳山市	乳山市为农农资店	7	1 200
乳山市	乳山市供销三农物资配送有限公司	20	2 400
乳山市	梓浩家庭农场	10	1 500
文登区	威海市高田农业服务有限公司	18	1 200

潍坊市备案名单

区、县	组织名称	从业人数	作业能力（亩/日）
昌邑市	昌邑市宏丰农机专业合作社	75	10 000
昌邑市	潍坊翱蓝农业科技服务有限公司	126	150 000
坊子区	潍坊市坊子区永超农业技术服务队	20	5 000
诸城市	山东德农商贸有限公司	23	30 000
诸城市	诸城市天益供销发展有限公司	22	15 000
诸城市	诸城市百社千村农业植保专业合作社	18	4 520
诸城市	诸城市富之道农机专业合作社	25	12 000
诸城市	山东青山绿水农林科技有限公司	39	15 000
诸城市	山东泰诺药业有限公司	56	40 000
诸城市	山东韦美生物科技有限公司	31	30 000
诸城市	潍坊市昇隆生物科技有限公司	27	15 000
安丘市	安丘市安盛植保服务有限公司	20	10 000
安丘市	安丘市标普农业科技有限公司	65	20 000
昌乐县	潍坊潍一农业科技有限公司	30	12 000
昌邑市	昌邑市诚信农机专业合作社	31	15 000
昌邑市	昌邑市丰茂农机专业合作社	302	12 000
昌邑市	昌邑市洪伟农机专业合作社	20	10 000
高密市	山东联诺农业服务有限公司	40	16 000
高密市	高密市邦农农机专业合作社	18	6 000
高密市	高密市向群农机专业合作社	139	6 000
临朐县	临朐广润农化有限公司	32	10 000
临朐县	山东天沃智能科技有限公司	35	35 000
青州市	青州市鲁中农机专业合作社	26	15 000
寿光市	寿光市鸣晟农机专业合作社	57	25 000

烟台市备案名单

区、县	组织名称	从业人数	作业能力（亩/日）
莱州市	莱州市恩瑞植保专业合作社	3	80
莱州市	莱州市朱桥镇光深植保专业合作社	3	10
莱州市	莱州市三山岛诚信植保合作社	2	500
莱州市	莱州市祝家植保专业合作社	162	5 000
莱州市	烟台市格林农业专业合作社	10	500
莱州市	莱州市杰瑞植保专业合作社联合社	65	15 000
莱州市	莱州市爱农植保专业合作社	7	500
莱州市	莱州市可松植保专业合作社	5	30
莱州市	莱州市麦丰植保专业合作社	4	20
莱州市	莱州市明月植保专业合作社	5	1 000
莱州市	莱州市大居村农业专业合作社	5	5
莱州市	莱州市城港路维松植保专业合作社	20	1 500
招远市	招远市好乡亲植保专业合作社	20	500
招远市	招远市和风苹果专业合作社	6	50
招远市	招远市新良种植专业合作社	20	1 000
福山区	烟台顺泰植保科技有限公司	146	6 000
莱州市	莱州市福汇农机农民专业合作社联合社	112	20 000
莱州市	莱州市晓荣农机专业合作社	5	70
蓬莱市	蓬莱昊林果品专业合作社	20	400
蓬莱市	蓬莱京蓬生态农业病虫害专业防治中心	26	2 000
蓬莱市	蓬莱市利和祥农机专业合作社	15	1 000
蓬莱市	蓬莱市农丰果业专业合作社	42	3 000
蓬莱市	蓬莱盛唐葡萄专业合作社	12	1 000
蓬莱市	蓬莱蔚阳农机专业合作社	20	500
蓬莱市	烟台仙境果品专业合作社	16	1 000

（续）

区、县	组织名称	从业人数	作业能力（亩/日）
蓬莱市	蓬莱市悦民果业专业合作社	3	2 000
蓬莱市	蓬莱市民盛果品专业合作社	26	150
栖霞市	烟台市佳益果品农民专业合作社	23	10 000
招远市	招远市富凯果品专业合作社	4	100
招远市	招远市海达植保专业合作社	71	5 500
招远市	招远市金色三农植保专业合作社	30	3 000
招远市	招远市顺丰植保专业合作社	26	7 800
蓬莱市	烟台市仙阁果品专业合作社	51	5 000
蓬莱市	蓬莱市元峰果业专业合作社	10	50

枣庄市备案名单

区、县	组织名称	从业人数	作业能力（亩/日）
市中区	枣庄市市中区富新植保专业合作社	10	500
市中区	枣庄市市中区新远植保专业合作社	10	500
市中区	枣庄市市中区益民植保专业合作社	14	1 000
市中区	枣庄市市中区为民植保专业合作社	10	500
市中区	枣庄市市中区三丰农作物种植农民专业合作社	10	1 500
市中区	枣庄市市中区康田农作物机防农民专业合作社	80	8 000
滕州市	滕州市羊庄镇兴农机防专业合作社	36	880
滕州市	滕州市鲍沟大森林农资部	6	2 000
滕州市	滕州市南沙河现代家庭农场	5	1 500
滕州市	滕州市润康植保专业合作社	10	500
滕州市	滕州市绿野家庭农场	20	1 000
滕州市	滕州市益农农作物病虫害防治专业合作社	40	1 000
滕州市	滕州市颜家农资经营服务部	2	100
滕州市	滕州市智飞农业科技有限公司	15	5 000
滕州市	滕州市天收粮蔬专业合作社	15	1 000
滕州市	枣庄盛丰植保有限公司	3	600
薛城区	枣庄市薛城区悦动植保服务专业合作社	4	700
薛城区	枣庄市薛城区金株粮食种植专业合作社	5	8 000
市中区	枣庄市市中区富源农机农民专业合作社	12	6 000
市中区	枣庄市市中区利丰农机农民专业合作社	15	8 000
市中区	枣庄市市中区三丰农作物种植农民专业合作社	20	3 000
市中区	枣庄万丰农林科技有限公司	12	8 000
滕州市	滕州青年家庭农场	8	1 200
滕州市	滕州市宇娜植保专业合作社	2	1 000
滕州市	枣庄农博士农业科技有限公司	11	15 000

（续）

区、县	组织名称	从业人数	作业能力（亩/日）
滕州市	滕州市官桥镇敬业机防专业合作社	30	3 000
滕州市	滕州市军伟植保服务队	2	300
滕州市	滕州市级翔机防专业合作社	10	1 000
滕州市	滕州市新岗植物保护专业合作社	20	3 000
滕州市	枣庄盛丰植保有限公司	20	10 000
滕州市	滕州市益农农作物病虫害防治专业合作社	15	800
滕州市	枣庄市召聚农机专业合作社	6	1 500
滕州市	山东善翔航空科技有限公司	30	10 000
滕州市	滕州市汉和农业植保有限公司	40	20 000
滕州市	滕州市鑫剑农机服务专业合作社	5	3 000
滕州市	滕州市丰茂种植专业合作社	4	1 000
滕州市	滕州市汇森农机专业合作社	8	1 000
滕州市	滕州市田多农机服务专业合作社	10	8 000

淄博市备案名单

区、县	组织名称	从业人数	作业能力（亩/日）
高青县	淄博市盛合农业科技有限公司	6	5 000
桓台县	桓台县大田农机农民专业合作社	30	10 000
桓台县	桓台县大寨农业专业合作社	10	1 000
桓台县	桓台县丰农农作物种植技术服务农民专业合作社	20	2 000
桓台县	桓台县高强农作物种植专业合作社	10	800
桓台县	桓台县果里老丁种子站	15	1 500
桓台县	桓台县果里镇泽发农技推广站	20	8 000
桓台县	桓台县季季丰家庭农场	20	3 000
桓台县	桓台县科信农业专业合作社	30	10 000
桓台县	桓台县农飞植保专业合作社	20	2 000
桓台县	桓台县农盛农业有限公司	25	3 000
桓台县	桓台县润农粮食种植专业合作社	50	30 000
桓台县	桓台县盛源农业病虫害综合防治农民专业合作社	30	10 000
桓台县	桓台县世佳病虫害防治专业合作社	30	10 000
桓台县	桓台县天惠农机专业合作社	20	10 000
桓台县	桓台县田庄镇方学家庭农场	10	3 500
桓台县	桓台县田庄镇茂兴家庭农场	10	3 000
桓台县	桓台县田庄镇怡洁家庭农场	8	800
桓台县	桓台县廷俭家庭农场	10	1 000
桓台县	桓台县燕坤农资经营部	10	3 000
桓台县	桓台县友多邦农业科技有限公司	35	5 000
临淄区	淄博临淄五谷丰农产品专业合作社	36	7 000
临淄区	淄博临淄齐农乐农机专业合作社	25	5 000
博山区	淄博博山丰宙农作物病虫害防治专业合作社	5	10
高青县	山东鲁农种业股份有限公司	45	8 000

（续）

区、县	组织名称	从业人数	作业能力（亩/日）
高青县	淄博波昂农业科技有限公司	6	5 500
高青县	淄博瑞虎农业科技有限公司	30	7 500
桓台县	桓台县利众农机农民专业合作社	35	10 000
桓台县	桓台县供销益农粮食种植农民专业合作社	10	10 000
桓台县	桓台绿邦病虫害防治农民专业合作社	20	3 000
桓台县	桓台县瑞丰农民专业合作社	20	3 000
桓台县	桓台县盛邦农作物病虫害防治专业合作社	150	15 000
桓台县	桓台县众鑫农业专业合作社	30	8 000
桓台县	桓台县鑫泽农机专业合作社	50	15 000
桓台县	淄博盛达农业服务有限公司	27	35 000
临淄区	淄博临淄路山病虫害防治专业合作社	138	3 500
临淄区	淄博临淄朱台病虫害防治专业合作社	8	2 000
临淄区	淄博临淄敬仲病虫害防治专业合作社	82	2 000
临淄区	淄博临淄五谷丰农产品专业合作社	36	7 000
临淄区	淄博临淄朱台农机专业合作社	30	9 000
临淄区	淄博齐民旺植保专业合作社	15	50 000
临淄区	淄博正飞农业服务有限公司	18	7 000
张店区	山东士力架农业发展有限公司	18	100 000
张店区	淄博天虹农业生产资料有限公司	25	6 000
周村区	淄博周村奥联农机服务专业合作社	20	7 000

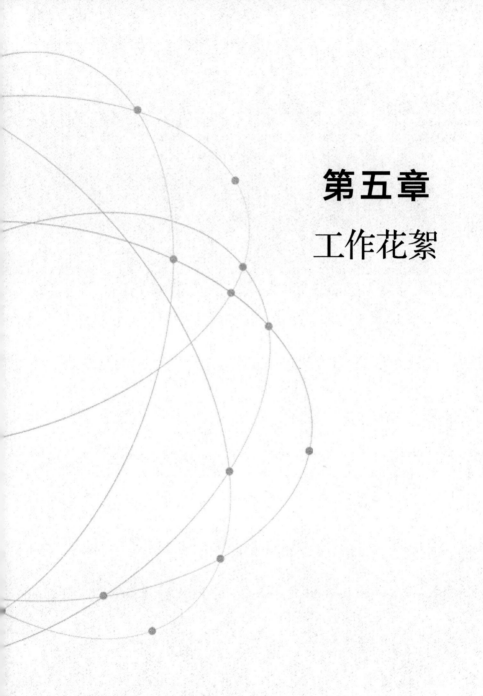

第五章

工作花絮

领导重视

山东省于国安副省长参加
全省春季农业生产会议

全国农业技术推广服务中心
副主任王福祥等领导到滨城区
鹏浩合作社检查指导

山东省农业农村厅李希信厅长
到肥城市众益达现代农业服务
有限公司调研指导

山东省植保总站徐兆春站长考察
济南小麦条锈病统防统治效果

泰安市农业农村局许立波副局长到
泰农合作社调研指导

滨州市委佘春明书记到滨城区
鹏浩合作社调研指导

项目建设

山东省农业农村厅王登启副厅长
参加专业化防控体系建设
植保无人机发放仪式

统防统治能力建设项目
招标产品现场展示

山东省统防统治能力建设项目工作会

山东省植保总站药械科
林彦茹科长到合作社检查督导

邹城市北宿镇统防统治
能力建设示范区

菏泽市东明县专业化防控
体系建设示范基地

队伍建设

山东滨农科技有限公司服务团队

青岛德地得农化科技服务
有限公司服务团队

滨州市沾化区支农农机服务
专业合作社服务队

泰安市汶粮农作物专业
合作社飞防队伍

莱州市祝家植保专业合作社机防队

山东鸟人航空科技有限公司飞防队伍

设施装备

肥城市金丰粮食专业合作社

肥城市众益达现代农业服务有限公司

滨州市绿丰植保专业合作社

济南市章丘区金通元农机专业合作社

山东齐力新农业服务有限公司

淄博齐民旺植保专业合作社

服务作业

济宁大粮农业服务有限公司玉米
病虫害统防统治作业

泰安市汶粮合作社小麦
病虫害统防统治作业

滨州绿丰植保专业合作社新型高效
植保机械麦田统防统治作业

招远市海达植保合作社果树
病虫害统防统治作业

商河县珍德玉米种植专业合作社
小麦病虫害统防统治飞防作业

商河县保农仓农作物种植专业合作社
有人机小麦病虫害统防统治作业

项目带动

曹县玉米"一防双减"统防统治项目

曹县花生"一控双增"统防统治项目

邹城市小麦一喷三防启动仪式

邹城市小麦绿色高产
统防统治示范项目

郓城中央财政农业生产救灾补助
项目专业化统防统治示范区

泰安市粮食生产"十统一"项目
小麦病虫害统防统治项目

应急防控

曹县恒丰源合作社开展草地
贪夜蛾应急防控

济南市小麦条锈病应急防控现场会

商河县小麦条锈病应急防控

邹城市十万亩小麦
无人机飞防启动仪式

东营市蝗虫统防统治应急防控

垦利区蝗虫统防统治现场会

培训指导

全国新型植保机械观摩
展示与技术培训班

山东省农作物病虫害
统防统治培训班

肥城市新型经营主体植保
无人机飞防培训班

垦利区农作物病虫害统防统治
与绿色防控融合培训班

山东省植保无人机应用技术研讨会

山东省喷杆式喷雾机精准
施药发展座谈会